WELCHE VERSTEINERUNGEN FINDE ICH AN MEER UND STRAND

FRANK RUDOLPH

WELCHE VERSTEINERUNGEN FINDE ICH AN MEER UND STRAND

ELLERT & RICHTER VERLAG

INHALTSVERZEICHNIS

EIN WORT VORWEG

Es gibt zwei Arten von Steinesammlern. Die einen laufen im Eiltempo über den Strand, um den schönsten und größten Kalk als Erste zu entdecken, ihm dann mit dem Geologenhammer zu Leibe zu rücken und in würfelzuckergroße Stückchen zu zerlegen. Die anderen kann man in einen Wassereimer voll Strandkies setzen und sie sind für Stunden beschäftigt. Im Schneckentempo bewegen sie sich durch die Strandkiesel und saugen alles auf, was irgendwie nach einer Versteinerung aussieht.

Zugegeben, dieses Bild ist etwas überspitzt gezeichnet, aber ein kleiner wahrer Kern findet sich doch. Einige Sammler suchen gezielt Sedimente, also Ablagerungsgesteine, die vor Jahrmillionen im Meer gebildet wurden. Das Aufschlagen der Gesteine ist wie das Blättern im Bilderbuch der Erdgeschichte. Der Hammer offenbart den Blick in eine unbekannte Welt. Aber dazu muss man die Steine kennen. Unter hunderten ist einer, für den sich der Aufwand lohnt und der uralte Fossilien birgt.

Weitaus mehr Sammler, Einheimische, Dauercamper und Touristen, Strandläufer und Spaziergänger, Kinder und Erwachsene durchkämmen die kleinen Steine am Strand auf der Suche nach Seeigeln, Donnerkeilen, Schwämmen, Bernstein, Ostseejade und weiteren Zeugen der Vorzeit. Sie brauchen keinen Geologenhammer, um den Geheimnissen der Urwelt auf die Spur zu kommen. Und das, was sich zwischen Millionen kleiner Steinchen verbirgt, ist ungeheuer vielfältig. Die ältesten Fossilien Deutschlands, rund 520 Millionen Jahre alt, liegen versteckt im Geröll, ebenso längst ausgestorbene Kopffüßer, Moostierchen oder Armfüßer. Eine völlig neue Welt offenbart sich dem aufmerksamen Sammler.

In dem vorliegenden Buch sollen nun die häufigsten Fossilien vorgestellt und erklärt werden. Aber auch einige Seltenheiten werden gezeigt, denn man findet nur das, was man kennt oder schon einmal gesehen hat. Und doch ist es völlig unmöglich, alle Funde zu beschreiben. Seien Sie also bitte nicht enttäuscht, wenn gerade Ihr Fund nicht in diesem Buch abgebildet ist.

Die allermeisten der abgebildeten Objekte stammen tatsächlich vom Nord- oder Ostseestrand. Einige wenige Fossilien wurden in norddeutschen Kiesgruben gesammelt. Alle Fundstücke sind eiszeitliche Geschiebe und stammen nicht aus dem Anstehenden, also dem gewachsenen Felsen, wie die Schreibkreide von Rügen oder Møn. Aber natürlich lassen sich Funde von diesen Küsten mit dem vorliegenden Buch ebenfalls bestimmen. Dieses Buch richtet sich nicht in erster Linie an den spezialisierten, langjährigen Sammler, obwohl der vielleicht auch noch Neues entdecken wird, sondern ist für alle diejenigen geschrieben, die aus Spaß an der Freude kleine Fossilien aus dem Strandkies pulen und nun wissen möchten, was sich hinter ihren Funden verbirgt.

FOSSILIENSAMMELN IM STRANDKIES

Der Kiesstrand – unendliche Weiten. Steine, soweit das Auge blickt. Jeder normale Strandurlauber sucht Sandstrände, um im feinen Sand Ruhe und Erholung von der Hektik des Alltags zu finden, Burgen zu bauen und sanften Schrittes in die Fluten der Ostsee zu steigen. Ganz anders der Fossilienjäger. Er braucht Steine, am besten von einer bestimmten Körnung. Wenn man am Fuß einer Steilküste entlang wandert, wird man schnell bemerken, dass die Wellen die Steine der Größe nach sortiert haben. Es gibt Streifen von feinem und grobem Kies, Zonen mit größeren Steinen und eingestreut liegenden Findlingen. Im Grobkies findet man Seeigel und Donnerkeile, im feineren Kies liegen kleine Kugelschwämme, Moostierchen und Armfüßer, zwischen den größeren Steinen Austernschalen und Feuerstein-Schwämme.

Die Gletscher der Eiszeit haben große Kreideschollen aus dem gewachsenen Felsen gerissen. Die Kreideschichten von Møn und Rügen sind nahezu gleich alt. Der Bereich zwischen diesen beiden Vorkommen war einst ebenfalls mit kreidezeitlichen Sedimenten gefüllt. Während der Eiszeiten wurden sie abgetragen. An einigen Steilufern sieht man ihre Reste im Geschiebemergel, aufgerieben und zermahlen. Dort, wo weiße Kreideschlieren in der Wand stecken, ist die Suche besonders ergiebig. Die weiche Kreide wurde fortgespült, die härteren Fossilien liegen ausgewaschen im Strandkies. Aber auch ältere Gesteine wurden von den eiszeitlichen Gletschern aufgearbeitet, und so finden wir heute Fossilien aller Erdzeitalter am Strand. Wir brauchen uns nur zu bücken.

DIE ERDZEITALTER

Die Geschichte der Erde beginnt vor fast 4,8 Milliarden Jahren. Eine unvorstellbar große Zahl. Wir schalten deshalb den Zeitraffer ein und packen die gesamte Erdgeschichte in ein Jahr. Die Erde entsteht am 1. Januar um 0.00 Uhr. Wir schreiben jetzt Silvester 24.00 Uhr.

Die Erdkruste erstarrt vor etwa 4 Milliarden Jahren, umgerechnet am 25. Februar. Die ältesten Organismen sind 3,75 Milliarden Jahre alt (21. März). Erste Algenriffe bilden sich vor 3,44 Milliarden Jahren (am 14. April). Die ältesten Fossilien des baltoskandinavischen Raumes sind 1,7–1,8 Milliarden Jahre alte Einzeller, noch ohne Zellkern. Die ältesten Zellen mit Zellkern kennt man aus dem nordamerikanischen Gunflint, schwarze, feuersteinartige Kieselschiefer. Sie sind 1,3 Milliarden Jahre alt (20. September). Die ersten vielzelligen Organismen treten vor etwa 700 Millionen Jahren auf (4. November). Es dauert also mehr als zehn Monate, bis das Leben „in Gang kommt“. Aber dann überschlagen sich die Ereignisse.

An der Grenze vom Präkambrium zum **Kambrium** (15. November) erscheinen schlagartig hochentwickelte Tiergruppen, fast alle Tierstämme sind vertreten. Diese Mannigfaltigkeit und das Auftreten mineralisierter Skelette sind die spektakulärsten Ereignisse der Entwicklung des Lebens. Diese „kambrische Explosion“ wird auch heute noch heiß diskutiert. Man nimmt an, dass erst durch die Entwicklung von Hartteilen die Tiere erhaltungsfähig wurden. Vielleicht veranlasste das Auftreten von Räubern die Organismen, feste Panzer zu bilden. Auch veränderte Klimabedingungen wie ein erhöhter Ozongehalt oder ein veränderter Chemismus des Meerwassers werden als Erklärung für die plötzliche Schalenbildung herangezogen. Sicher ist hier ein abschließendes Wort noch nicht gesprochen. Die vorherrschenden Organismen im Kambrium sind zweifelsohne die Trilobiten (S. 122 f.).

Die reichen Funde in den Ablagerungen des **Ordoviziums** (20. November) belegen eine reiche Entfaltung der Lebewelt. Besonders wichtig sind neben den Trilobiten die Kopffüßer (Endoceratiden und Orthoceratiden, S. 96), die eine erste Blütezeit erleben. Ihre gestreckten Gehäuse erreichen Längen von 3 m.

Im **Silur** (24. November) sind dann die Endoceratiden mit ihren langen Gehäusen ausgestorben, nur wenige Orthoceratiden erreichen jüngere Epochen. Als Leitfossilien erreichen die Graptolithen (Schriftsteine, S. 152) vorherrschende Bedeutung. Es bilden sich große Korallenriffe, die z.T. die Algenriffe ablösen. Panzerfische treten auf. Und im oberen Silur besiedeln primitive Pflanzen, Psilophyten, das Land.

Die im Obersilur eingeleitete Eroberung des Festlandes setzt sich im **Devon** endgültig durch. Es entwickeln sich höhere Sporenpflanzen wie Schachtelhalme, Farne und Bärlappgewächse. Als tierische Leitfossilien erlangen die

Brachiopoden zunehmende Bedeutung. Auch die Entwicklung der Kopffüßer schreitet unaufhörlich fort. Korallen und Stachelhäuter sind außerordentlich zahlreich vertreten. Im Oberdevon erfolgt der Schritt an Land durch Quastenflosser (29. November). Durch die Fähigkeit, sich mit den Flossen stelzend fortzubewegen, und durch den Besitz einer einfachen Lunge konnten sie das Wasser kurzzeitig verlassen. Beide Änderungen, die Umgestaltung der Kiemen zu Lungen und der bisher zum Rudern gebrauchten Gliedmaßen zu Lauforganen, ermöglichen später die weitere Entwicklung der Wirbeltiere.

Die Pflanzenwelt erlebt im **Karbon** (5. Dezember) einen ungeheuren Aufschwung und besteht vorwiegend aus Schachtelhalmen, Farnen und Bärlappgewächsen, die Baumgröße erreichen. Erstmals erscheinen auch einfach gebaute Nacktsamer. Aus den Amphibien gehen im oberen Karbon die ersten Reptilien hervor, deren beschuppte Haut einen wirksamen Schutz gegen die Austrocknung bildet. Die Insekten bringen erste flugfähige Formen hervor. Meganeura erreicht als Libelle eine Spannweite von 80 cm. Der neue Lebensraum Luft wird erschlossen.

Im **Perm** (8. Dezember) beginnt die Herrschaft der Nacktsamer. In der Tierwelt sind vor allem Brachiopoden kennzeichnend und leitend. Am Ende des Perm ist eine erste große Welle des Aussterbens zu verzeichnen. Die Trilobiten, Graptolithen, viele Echinodermen-Gruppen, die Panzerfische und viele weitere Tiergruppen sterben endgültig aus.

Das Erdmittelalter beginnt mit der **Trias**. Baumfarne, Palmfarne und Koniferen sind Vertreter der Pflanzenwelt. Die Tierwelt ist relativ artenarm. Kennzeichnend ist das vermehrte Auftreten von Seelilien, Kopffüßern, Knochenfischen und die starke Entwicklung der Reptilien. Am Ende der Trias erscheinen einfache Vertreter der Säugetiere (12. Dezember). Im Jura ist die Pflanzenwelt hoch entwickelt. Palmfarne und Koniferen wie Zypressen, Araukarien und Taxodien sind verbreitet. Die Tierwelt erlebt eine erneute Blütezeit: Korallen, Schwämme, Seeigel, Seelilien, Kopffüßer und Fische in zahlreichen Arten sind in großem Individuenreichtum vorhanden. Besonders hervorzuheben sind die Ammoniten, die zwar schon im Devon auftauchen, aber sich erst jetzt richtig durchsetzen. Beeindruckend sind Fischsaurier, Flugsaurier und Riesensaurier.

Erstmals erscheinen im oberen **Jura** die Vögel, durch den Fund des Archaeopteryx in Solnhofen belegt (16. Dezember). Eine durchgreifende Änderung in der Pflanzenwelt setzt in der Kreidezeit ein. Die Nacktsamer treten mehr und mehr zurück, es erscheinen erstmals in der Erdgeschichte die Bedecktsamer (Blütenpflanzen). Die ersten höheren Säugetiere erscheinen in der Kreidezeit.

Nach einer letzten Blütezeit sterben am Ende der **Kreidezeit** u.a. die Ammoniten, Belemniten und die Riesensaurier aus (19. Dezember).

Mit dem **Tertiär** beginnt die Erdneuzeit. Blütenpflanzen bestimmen die Pflanzenwelt. Viele Hochmoore entstehen und daraus schließlich die Braunkohle. Bedeutsam ist das Auftreten der Bernsteinkiefer und anderer Harz produzierender Bäume. Muscheln und Schnecken sind wichtige Leitfossilien. Das Tertiär ist Hauptentwicklungszeit der Säugetiere und der Vögel (26. Dezember). Einzelne Fossilfunde weisen auf erste Vorstufen der Hominiden („Urmenschen") am Ende des Tertiärs hin. Heute ist das Tertiär in Paläogen und Neogen aufgeteilt.

Das **Quartär** ist das Zeitalter der großen Eiszeiten (31. Dezember). In unseren Breiten treten arktisch-alpine Pflanzen wie Silberwurz, Polarweide oder Zwergbirke auf. Die weiten Kältesteppen sind der Lebensraum von Mammut, Höhlenbär, Wollnashorn und Riesenhirsch. Es erscheinen erste Frühmenschen, die zunächst als Jäger, später dann als Ackerbauern die heutige Kultur einleiten. Um 20.00 Uhr betritt der Mensch die Bühne des Lebens. Um 22.00 Uhr erfindet er die ersten Werkzeuge. Um 23.00 Uhr entdeckt er das Feuer, 23.55 Uhr verlässt er die Höhle, beginnt um 23.59 Uhr mit dem Ackerbau. Jesu Geburt findet um 23.59 Uhr und 48 Sekunden statt. Und schließlich wird 1,5 Sekunden vor Mitternacht die Dampfmaschine erfunden.

Sämtliche Steine, die wir in Norddeutschland am Strand finden (Ausnahme: Helgoland und die Kreideküste Rügens) sind von den Gletschern der Eiszeiten aus den nordischen Ländern zu uns transportiert worden, auch die Fossilien, die wir heute im Strandkies finden. Wenn wir in einem Steinbruch im anstehenden Felsen Versteinerungen entdecken, befinden wir uns genau an der Stelle, an der die Tiere vor Jahrmillionen gelebt haben. Wir kennen genau ihr Alter, können uns in der Fundschicht auf die Suche nach weiteren Exemplaren begeben. Bei den Strandsteinen ist alles anders. Weil sie von den Gletschern zu uns geschoben wurden, nennt man sie „Geschiebe“. Die Geschiebekunde ist eine Wissenschaft mit langer Tradition. Sie befasst sich mit der Erforschung der kristallinen und sedimentären Gesteine und ihrer Herkunft. Und natürlich auch mit den Fossilien. Die Heimat unserer Strandsteine ist in Norwegen, Schweden, Dänemark, am Ostseegrund oder in den baltischen Ländern zu suchen. Die ältesten Spuren vergangenen Lebens sind 520 Millionen Jahre alt, die jüngsten „nur“ wenige Millionen. Aufgrund des weiten geographischen Raumes und des großen zeitlichen Spektrums können wir unermesslich viele verschiedene Fossilien aus allen erdgeschichtlichen Epochen am Strand finden. Einige der vorzeitlichen Tiere lebten in tiefem Wasser, andere waren Riffbewohner oder wühlten am Grund eines flachen Meeres. Sie zeugen von tropischen Temperaturen oder von kaltem Wasser. Ihre Lebensräume waren zum Teil völlig unterschiedlich. Eine deratige Vielfalt gibt es in keinem Steinbruch. Schichten, die von den Gletschern gänzlich abgetragen wurden, können wir nur noch als Geschiebe finden. Aber wir können nur das aufsammeln, was der Strand gerade bietet. Wind und Wellen sorgen für Nachschub, nicht die eigene Beharrlichkeit oder Kraft. Und so wird man an einem abgesammelten Strand im Sommer weniger finden als nach einem kräftigen Herbst- oder Wintersturm mit frischen Küstenabbrüchen. Hochwasser, Sandbedeckung und angespülter Seetang sind die begrenzenden Faktoren. Und trotzdem: Mit Ausdauer und Adlerblick lassen sich an jedem Strand zu jeder Zeit neue und beachtenswerte Funde machen. Probieren Sie es aus!

Hinweise zur Bestimmung

Die meisten Funde aus dem Strandkies sind vom Eis abgeschliffen und in den Wellen abgerollt. Nur besonders gut erhaltene Fossilien kann man exakt bestimmen. Dies ist leider nur recht selten möglich. Dann muss man sich mit dem Gattungsnamen, der Familie oder manchmal auch nur mit der Tiergruppe zufrieden geben. Auf die Nennung von Artnamen wird daher in diesem Buch häufig verzichtet. Die Größenangaben sind Durchschnittswerte.

Was sind Schwämme?

Schwämme sind einfach gebaute Organismen ohne echte Gewebe. Sie besitzen weder Muskeln noch Nerven oder Sinnesorgane, haben keine Geschlechtsdrüsen und keinen Verdauungstrakt. Ihr Stützskelett besteht aus zahlreichen, winzig kleinen Kieselsäure- oder Kalk-Nadeln (Spicula), die zwar arttypisch, aber nicht immer sichtbar sind oder präpariert werden können. Nur wenige Arten wie der Badeschwamm haben ein Skelett aus elastischem Spongin, einer eiweißartigen Substanz, und lassen sich zusammendrücken. Ihre Körpergröße schwankt zwischen wenigen Millimetern bis maximal 3 m. Die Wuchsform kann in teils weiten Grenzen variieren und hängt auch von den Umweltbedingungen ab. Daher ist die äußere Form eines Schwamms nicht unbedingt als Bestimmungesmerkmal geeignet.

Lebensweise

Schwämme leben ausschließlich im Wasser, sind vorwiegend marine Lebewesen, nur wenige Arten kommen im Süßwasser vor. Sie sind festsitzend und filtern Wasser. Sie besitzen spezielle Filterkammern, in deren Wandung geißeltragende Zellen sitzen und einen Wasserstrom erzeugen. Das Wasser strömt durch unzählige Porenöffnungen in der Körperwand in den Schwammkörper hinein. Hier werden von spezialisierten Zellen Nahrungspartikel herausgefiltert. Das „verbrauchte“ Wasser wird durch größere Ausstromöffnungen wieder abgegeben.

Regenerationsfähigkeit

Schwämme besitzen nur wenige Zelltypen, was eine hohe Regenerationsfähigkeit bedeutet. Fraßschäden können schnell und gut ausgeglichen werden.

Versteinerter Schwamm aus Feuerstein vom Ostseestrand mit kleinen Einstrom- und großen Ausstromöffnungen

Rezenter Hornkieselschwamm (Badeschwamm *Spongia officinalis*), Mittelmeer, 12 cm

Größe

Rezente Schwämme können bis 3 m lang werden.

Artenzahl

Man kennt 7.500 Arten von Schwämmen, davon sind etwa 2.500 fossil.

Trivia

Der Schwamm *Scolymastra joubini* aus dem Südpolarmeer gehört mit einem Alter von über 10.000 Jahren zu den ältesten Lebewesen der Welt.

Systematik

Man unterscheidet nach dem Material, das die Skleriten aufbaut, zwischen Kalkschwämmen (Calcarea), Kiesel- oder Glasschwämmen (Hexactinellida) und Hornkieselschwämmen (Demospongia).

Vorkommen

Schwämme gibt es seit dem unteren Kambrium. Fossil begegnen sie uns am Ostseestrand vor allem im Ordovizium und in der Kreide.

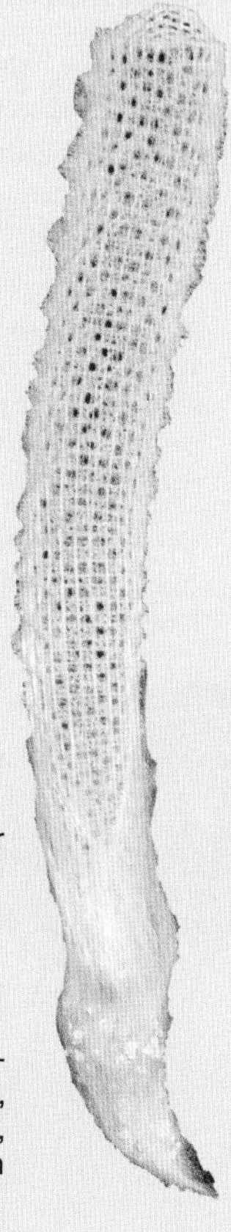

Rezenter Glasschwamm (Gießkannenschwamm: *Euplectella aspergillum*), Philippinen, 500–1.000 m Wassertiefe, 24 cm

Schwammnadeln sind ein wichtiges systematisches Merkmal. Hier sind tetraxone (vierstrahlige) Schwammnadeln aus der Kreide von Höver bei Hannover abgebildet.

Schwamm *Astylospongia praemorsa*

Größe: 2–3 cm

Alter: Spätes Ordovizium, ca. 450 Millionen Jahre

Herkunft: unbekannt, wahrscheinlich Baltikum (Estland) und nordöstliche Gebiete

Häufigkeit: ●●○○○

Beschreibung: Lose Schwämme aus dem Ordovizium gelangten im späten Tertiär mit großen Flusssystemen nach Norddeutschland. Vor allem auf Sylt konnte man in den Kaolinsanden früher hunderte dieser Schwämme finden. Heute sind sie allerorts selten geworden. Als eiszeitliches Geschiebe an den Stränden der Ostsee sind sie nur vereinzelt zu finden.

Verwechslungsmöglichkeit: Von grauen Feuersteinkugeln ist *Astylospongia praemorsa* durch die zentrale Einsenkung und die über die Oberfläche laufenden Kanälchen sicher zu trennen.

Schwamm *Carpospongia globosa*

Größe: 2–3 cm

Alter: Spätes Ordovizium, ca. 450 Millionen Jahre

Herkunft: unbekannt, wahrscheinlich Baltikum (Estland) und nordöstliche Gebiete

Häufigkeit: ●○○○○

Beschreibung: Neben den leicht kenntlichen Schwämmen der Gattung *Astylospongia* gibt es mehrere Arten, die keine trichterförmige Einsenkung besitzen. Die meisten haben eine mehr oder weniger runzelige oder wulstige Oberfläche. *Carpospongia globosa* erinnert dabei fast an einen Golfball.

Verwechslungsmöglichkeit: Aufgrund der dicht stehenden größeren und den dazwischen liegenden winzigen Poren gut von ähnlichen Flintkugeln bzw. Klappersteinen (S. 28) zu unterscheiden.

Schwamm *Caryospongia diadema*

Größe: 1,5–2,5 cm
Alter: Spätes Ordovizium, ca. 450 Millionen Jahre
Herkunft: unbekannt, wahrscheinlich Baltikum (Estland) und nordöstliche Gebiete
Häufigkeit: ●○○○○

Beschreibung: Dieser recht kleine Schwamm erreicht selten mehr als 3 cm im Durchmesser. Sehr charakteristisch sind die sechs bis acht (selten bis zehn) „Rippen", die dem Schwamm ein blumenartiges Aussehen verleihen. Tiefe Kanäle sind in den Schwammkörper eingeschnitten. Manchmal kann man in den Kanälen feine Porenöffnungen erkennen. Funde im pliozänen Kaolinsand sind häufiger, im Geschiebe gehört der Schwamm zu den Seltenheiten. Typisch für diesen und andere Schwämme aus dem Kaolinsand sind sogenannte lavendelblaue Verkieselungen, wie man sie bei dem abgebildeten Fundstück rechts und bei *Aulocopium* auf der gegenüberliegenden Seite rechts gut erkennen kann.

Verwechslungsmöglichkeit: Aufgrund der charakteristischen Form nahezu unverwechselbar.

Schwamm *Aulocopium aurantium*

Größe: 4–10 cm

Alter: Spätes Ordovizium, ca. 450 Millionen Jahre

Herkunft: unbekannt, wahrscheinlich Baltikum (Estland) und nordöstliche Gebiete

Häufigkeit: ●●○○○

Beschreibung: Es handelt sich um große bis sehr goße Schwämme von schüsselförmiger Gestalt, mehr oder weniger rund im Umriss. Ihre Basis (rechts) ist glatt und besitzt unregelmäßig-konzentrische Strukturen. Die Oberseite (links) zeigt das typische Schwammskelett mit runden oder länglichen Öffnungen der Kanälchen. Die Schwämme werden groß, erreichen mehr als 10 cm im Durchmesser. Sie sind verkieselt, kommen auch in Lavendelblauem Hornstein vor. *Aulocopium* findet sich häufig in pliozänem Kaolinsand, nur selten lose am Strand. Seine Heimat ist bis heute unbekannt.

Verwechslungsmöglichkeit: Kreidezeitliche Schwämme sind eher becher- oder trichterförmig. Bei *Aulocopium* haftet niemals Feuerstein (manchmal aber lavendelblauer Hornstein) an. Charakteristisch ist auch die unterschiedlich gestaltete Ober- und Unterseite des Schwammes.

Schwamm *Carpospongia conwentzi*

Größe: 2–5 cm

Alter: Spätes Ordovizium, ca. 453–458 Millionen Jahre

Herkunft: unbekannt, wahrscheinlich Baltikum (Estland) und nordöstliche Gebiete

Häufigkeit: ●●○○○

Beschreibung: *Carpospongia conwentzi* besitzt eine polygonale Gestalt. Mehrere Einsenkungen auf der Oberfläche zeigen ein rosettenartiges Kanalsystem zwischen deutlichen höckerartigen Strukturen. Ein- und Ausstromöffnungen besitzen nahezu denselben Durchmesser.

Der runde Schwammkörper von *C. roemeri* (Bild links) ist mit höckerartigen Strukturen übersät, dazwischen befinden sich gewundene Vertiefungen, die in tiefen Einsenkungen enden. Der Schwamm ist kugelförmig.

Verwechslungsmöglichkeit: Beim „Würfeln" bleibt *C. conwentzi* im Gegensatz zu *C. globosa* immer auf einer Seite liegen. So werden die zwar flachen, aber doch vorhandenen Einsenkungen auf der Oberfläche kenntlich.

Schwamm *Syltrochus pyramidoidales*

Größe: 3–7 cm

Alter: Spätes Ordovizium, ca. 453–458 Millionen Jahre

Herkunft: unbekannt, wahrscheinlich Baltikum (Estland) und nordöstliche Gebiete

Häufigkeit: ●●○○○

Beschreibung: *Syltrochus* ist ein schüsselförmiger Schwamm mit zentraler Einsenkung, der im Laufe seines Wachstums eine Art Stiel entwickelt. Seine Oberfläche ist von zahlreichen kleinen Poren übersät, die kurzen Einstromkanälchen entsprechen. Wenige lange, gebogene, bis 1 mm dicke Ausströmkanälchen führen das Atemwasser zur Oberfläche zurück. Dieses Kanalsystem ist bei aufgebrochenen Exemplaren gut sichtbar.

Syltrochus ist ein Schwamm, der fast ausschießlich in den Kaolinsanden von Sylt zu finden ist.

Verwechslungsmöglichkeit: Kreidezeitliche Schwämme zeigen grobere Poren oder eine netzartige Struktur auf der Außenseite. Ihnen fehlt zudem meist die „Krempe“.

Kugelschwamm *Porosphaera globularis*

Größe: 0,5–1,5 cm
Alter: Späte Kreide, ca. 70 Millionen Jahre
Herkunft: Norddeutschland, Dänemark
Häufigkeit:

Beschreibung: Die kleinen Kugelschwämme gehören zu den häufigsten Funden im Ostseekies. Fundstücke mit einem Durchmesser von mehr als 1 cm sind jedoch selten. Eindeutiges Bestimmungsmerkmal sind die winzigen Poren in der Oberfläche des Schwammkörpers (Lupe!). Ihr Durchmesser entspricht dem Abstand zueinander. Es gibt auch abgeplattet kissenförmige Exemplare dieser Art. Kugelschwämme im Feuerstein gehören zu den Seltenheiten, sind dann am besten im Querbruch an der radialen Struktur zu erkennen.

Verwechslungsmöglichkeit: Mit keulenförmigen Seeigelstacheln (S. 155), die feine Längsstreifen haben, keine Poren besitzen und an Bruchflächen spiegeln.

Kugelschwamm *Porosphaera* mit Bohrlöchern

Größe: 0,5–1,5 cm
Alter: Späte Kreide, ca. 70 Millionen Jahre
Herkunft: Norddeutschland, Dänemark
Häufigkeit: ●●●●○

Beschreibung: Bis zu einem Viertel aller gefundenen Kugelschwämme weisen ein durchgehendes oder zumindest ein mehr oder weniger tiefes Loch auf, das den Schwämmen ein perlenartiges Aussehen verleiht. Spritzwürmer (Sipunculidae) haben dieses Loch in das bereits fertig ausgebildete Schwammskelett eingetieft. Man nennt die Spur *Trypanites mobilis*. Wer genügend „Perlen" findet, kann sich eine ganz besondere Kette machen.

Verwechslungsmöglichkeit: Es gibt Bohrlöcher desselben Durchmessers auch in keulenförmigen Seeigelstacheln (S. 157). Man nimmt an, dass die Erzeuger identisch waren.

Klapperstein *Plinthosella squamosa*

Größe: 3–5 cm
Alter: Späte Kreide, ca. 70 Millionen Jahre
Herkunft: Norddeutschland, Dänemark
Häufigkeit: ●●○○○

Beschreibung: Sie sind schon nahezu legendär geworden: Klappersteine. Feuersteinkugeln mit einem Durchmesser von 2–5 cm können in ihrem Inneren einen kleinen Schwamm enthalten. Durch Löcher im Flintmantel dringt Wasser ein und löst im Laufe der Zeit den Schwammkörper von der Wand ab. Irgendwann beginnt die Kugel dann zu klappern. Voraussetzung ist, dass die Feuersteinkugel im Sand oder Kies liegt und das Wasser zirkulieren kann. Stücke, die im wasserundurchlässigen Geschiebemergel liegen, werden auch 10.000 Jahre nach Ende der letzten Eiszeit nicht klappern. Echte Klappersteine sind heute selten geworden.

Verwechslungsmöglichkeit: Nicht jede Feuersteinkugel wird einen Schwamm beinhalten. Kleine Löcher in der Oberfläche mögen aber darauf hindeuten. Wenn die Flintknolle nicht klappert, kann nur das Aufschlagen Gewissheit bringen. Feuersteinkugeln von mehr als 10 cm Durchmesser gehören nicht hierzu.

Gurkenschwamm *Aulaxinia sulcifera*

Größe: 5–15 cm
Alter: Späte Kreide, ca. 70 Millionen Jahre
Herkunft: Norddeutschland, Dänemark
Häufigkeit: ●●●○○

Beschreibung: Die abgerollten, gurkenförmigen Schwämme sind am Strand recht auffällig. Die hellen Längsrippen lassen die Porenöffnungen für Wasserein- und -ausstrom gut erkennen. Der etwa körperlange Stiel dieses Schwammes ist in der Regel nicht erhalten. Längsovale Flintknollen bergen zuweilen einen von außen nicht sichtbaren Gurkenschwamm. Beim Aufschlagen wird dann ein blumenförmiger Querschnitt sichtbar. Andere Exemplare zeigen einen auskristallisierten Hohlraum mit den typischen wulstigen Längsfurchen.

Verwechslungsmöglichkeit: Aufgrund des charakteristischen Streifenmusters keine.

Kieselschwamm *Aphrocallistes alveolites*

Größe: 3–10 cm
Alter: Späte Kreide, ca. 70 Millionen Jahre
Herkunft: Norddeutschland, Dänemark
Häufigkeit: ●●●○○

Beschreibung: Der Schwammkörper ist weit verzweigt, hat zahlreiche fingerförmige Fortsätze und nach oben gerichtete, becherartige Kelche. Er liegt lose auf weichem Sediment auf, besitzt keine „Wurzeln“. Die Wandung ist nur wenige Millimeter stark und besitzt ein charakteristisches Wabenmuster wie auf dem Bild erkennbar.

Verwechslungsmöglichkeit: Exemplare mit scheinbar fünfstrahliger Symmetrie können mit Seesternen (S. 141) verwechselt werden. Die Wandung der Schwämme ist jedoch porös und besteht nicht aus einzelnen Kalkplatten.

Kieselschwamm *Plocoscyphia*

Größe: 3–10 cm
Alter: Späte Kreide, ca. 70 Millionen Jahre
Herkunft: Norddeutschland, Dänemark
Häufigkeit: ●●●○○

Beschreibung: In der Regel findet man nur abgerollte Teilstücke dieses ursprünglich birnenförmigen Schwammes. Manchmal sind sie ausgewittert, manchmal liegen sie in Feuersteinerhaltung vor. Kennzeichnend ist die vielfach mäandrierende Wand, die dem Fundstück das Aussehen eines zusammengeknüllten Blattes Papier gibt. Die Stücke sind meist relativ klein, die Wände dünn, eng gefaltet, die Öffnungen dazwischen klein.

Verwechslungsmöglichkeit: Ein ähnlicher Schwamm mit mäandrierenden Wandungen ist *Plectascus* (früher *Maeandrospongia*; Bild rechts), der aber ein deutliches Maschennetzwerk erkennen lässt. Zudem sind die Einfaltungen größer. Er wird von einigen Autoren mit *Plocoscyphia* gleichgesetzt.

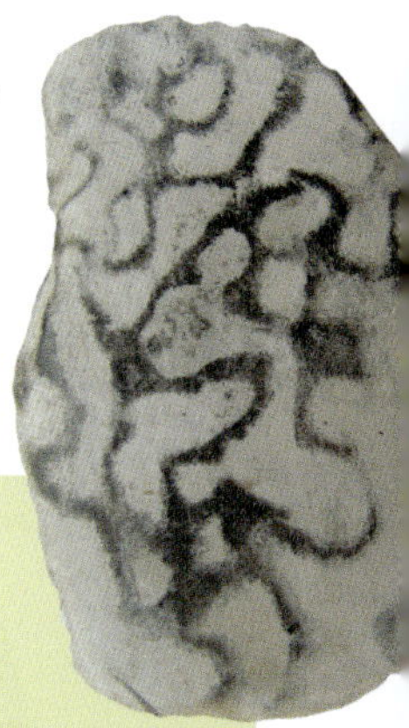

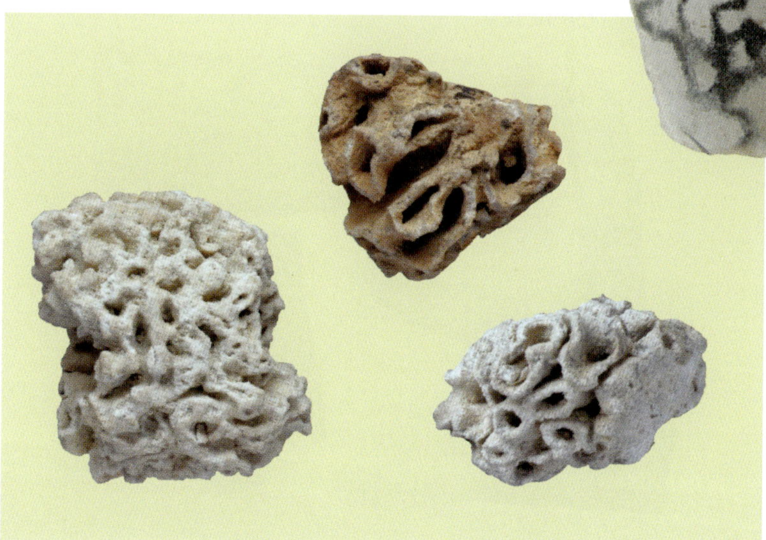

Kieselschwämme

Größe: 3–10 cm
Alter: Späte Kreide, ca. 70 Millionen Jahre
Herkunft: Norddeutschland, Dänemark
Häufigkeit: ●●●●○

Beschreibung: Häufig findet man am Strand ausgewitterte Schwammskelette, die ein wenig an alte Knochen erinnern. Ein Schwamm besitzt viele kleine Einstromöffnungen (Ostien) und deutlich größere Ausstromöffnungen (Osculi). Spezielle Kragengeißelzellen erzeugen durch das Schlagen mit ihrer Geißel einen Wasserstrom. Das Wasser strömt durch die Körperwand des Schwammes. Sauerstoff und Nahrungspartikel werden herausgefiltert. Durch das Osculum wird das Wasser wieder ausgeschieden. Wenn man genau hinsieht, kann man bei einem versteinerten Schwamm diese zwei unterschiedlich großen Porenöffnungen oder Ausstromkanälchen wiedererkennen.

Verwechslungsmöglichkeit: Echte Knochen können im Inneren ein spongiöses Gewebe besitzen, dieser schwammartigen Struktur fehlen aber größere Ausstromöffnungen. Knochen, die man am Strand findet, stammen meist aus jüngster Vergangenheit. Sie zeigen außen in der Regel noch dichte Knochensubstanz. Fossile Knochen sind extrem selten.

Kieselschwämme

Größe: 3–10 cm
Alter: Späte Kreide, ca. 70 Millionen Jahre
Herkunft: Norddeutschland, Dänemark
Häufigkeit: ●●●●○

Beschreibung: Rundliche, keulenförmige oder längliche Feuersteinknollen können in ihrem Inneren einen Schwamm eingeschlossen haben. Manchmal sind die Knollen so weit abgerollt, dass sie einen Blick in das Innere freigeben. Der typische Schwammkörper hat längliche Porenkanäle, die im Querschnitt als kleine, dunkle Punkte erscheinen. Ganz typisch für einen Schwamm sind auch kleine Einstrom- und große Ausstromöffnungen. Oftmals ist der Schwammkörper aufgelöst, hat einen Hohlraum im Feuerstein hinterlassen. Dann kann man zwar vermuten, dass hier einst ein Schwamm gesessen hat, beweisen kann man es aber nicht (mehr).

Verwechslungsmöglichkeit: keine, wenn die typische Schwammstruktur erkennbar ist. Pseudofossilien wie zufällig ähnlich geformte Feuersteine (S. 186) können vergleichbare Formen annehmen.

Becherschwamm *Ventriculites*

Größe: 3 bis > 10 cm
Alter: Späte Kreide, ca. 70 Millionen Jahre
Herkunft: Norddeutschland, Dänemark
Häufigkeit: ●●●●○

Beschreibung: *Ventriculites* hat einen becherförmigen Körper mit einer dicken Wandung. Auffallend sind die sehr regelmäßig angeordneten längsovalen Ausstromöffnungen auf der Außenseite. Dieses charakteristische Aussehen macht auch Bruchstücke bestimmbar. Auf der Innenseite des Bechers sind die Porenöffnungen eher rund. Von oben gesehen zeigt der Schwamm einen kreisrunden Querschnitt mit einer bis zu fingerdicken Wand. Hier sieht man die winzigen Einstromöffnungen und die größeren, teils als Kanälchen angelegten Ausstromöffnungen.

Verwechslungsmöglichkeit: Aufgrund der sehr regelmäßigen gitterartigen Wandstruktur kaum mit anderen Schwämmen zu verwechseln.

Kieselschwamm *Rhizopoterion*

Größe: 3–10 cm
Alter: Späte Kreide, ca. 70 Millionen Jahre
Herkunft: Norddeutschland, Dänemark
Häufigkeit: ●●●○○

Beschreibung: Wie *Ventriculites* hat auch *Rhizopoterion* einen becher- bis trichterartigen Körper, der im oberen Bereich sogar eingefaltet sein kann. Die Poren in der Außenwand sind unregelmäßiger in der Form und Anordnung als bei *Ventriculites*. Stammstücke (Bild) zeigen 1–2 mm dünne, vertikal verlaufende, leicht gewundene Kanälchen.

Verwechslungsmöglichkeit: Die Wand kann dicker als bei *Ventriculites* werden, die Gitterstruktur der Außenwand ist sehr viel unregelmäßiger aufgebaut. Diagonale Porenreihen sind kaum zu verfolgen. Gut erhaltene Exemplare von *Ventriculites* zeigen kleine Knötchen auf der Oberfläche, die *Rhizopoterion* fehlen.

Was sind Stromatoporen?

Stromatoporen werden heute zu den Schwämmen gerechnet, früher galten sie als eigenständig oder wurden den Hydrozoen angegliedert.

Herkunft des Namens

„Stromatopora" bedeutet übersetzt in etwa „löchrige Decke". Der wissenschaftliche Name bezieht sich dabei auf den lagigen Aufbau.

Bestimmungsmerkmale

Stromatoporen bilden unregelmäßige bis rundliche, glockenförmige Körper, die 2 m im Durchmesser erreichen können. Ihr kalkiges Skelett besteht aus horizontal angelegten Wachstumslagen, den Laminae, und senkrechten Stützpfeilern, den Pilae. Kleine Kanäle durchziehen den massiven Körper in vertikaler Richtung und dienen dem Transport von Atemwasser und Nahrungspartikeln. Oftmals enden die Ausführkanäle auf der Oberseite in höckerartigen Strukturen, den Mamelonen, wo sie sich sternförmig verzweigen können. Die feinen Kanälchen auf der Oberfläche nennt man Astrorhizen.

Lebensweise

Häufig sind Stromatoporen mit Korallen vergesellschaftet. Sie lebten wie diese in lichtdurchfluteten tropischen oder subtropischen Meeresbereichen.

Vorkommen

Stromatoporen sind wichtige Riffbildner, besonders im Silur und Devon. Sie existieren seit dem Ordovizium und sterben am Ende der Kreidezeit wieder aus. Man kennt heute etwas mehr als 200 Arten.

Stromatopore *Stromatopora*

Größe: bis > 30 cm
Alter: Silur, ca. 420–440 Millionen Jahre
Herkunft: Gotland (Schweden) bis Estland
Häufigkeit: ●●●●○

Beschreibung: Stromatoporen sind wichtige Riffbildner, sind auf Gotland und in Estland sehr häufig. Auch im Geschiebe sind sie überall zu finden. Sie fallen im Strandkies aber erst mit einiger Übung auf. Sie sind meist grau bis beige, wirken milchig. Ihre Oberfläche ist häufig angestoßen und weist viele kleine Schlagmarken auf. Sie sind im nassen Zustand viel leichter zu erkennen als trocken.

Verwechslungsmöglichkeit: Tabulate Korallen besitzen eckige bis runde Kelchöffnungen auf der Oberseite, zeigen im Anschnitt „Böden“ (S. 42).

Was sind Nesseltiere?

Nesseltiere besitzen in ihrer äußeren Hautschicht ganz spezielle Nesselzellen, die es nur in dieser Tiergruppe gibt. Diese Nematocysten enthalten eine Nesselkapsel mit einem Nesselschlauch. Es gibt rund 30 verschiedene Arten von Nesselzellen, die Gifte, klebrige Sekrete oder spitze Stilette produzieren können und der Verteidigung oder dem Beutefang dienen. Bei Reizung können die Nesselzellen ihren Inhalt extrem schnell ausstoßen. In der Regel sind mehrere Nesselzellen untereinander verbunden und lösen gemeinsam aus. Tentakeln können auf 1 cm weit mehr als 1.000 Nesselzellen tragen.

Zu den Nesseltieren gehören die Blumentiere (Anthozoa), die Schirmquallen (Scyphozoa), die Hydrozoen (Hydrozoa) sowie die fossil unbedeutenden Würfelquallen (Cubozoa) und Becherquallen (Staurozoa).

Nesseltiere machen einen **Generationswechsel** durch. Die Polypen produzieren durch Knospung und Abschnürung kleine, frei bewegliche Medusen. Diese bilden Eizellen und Spermien aus. Die daraus entstandene Larve setzt sich am Untergrund fest und bildet neue Polypen. Bei den Korallen gibt es keine Medusengeneration, bei einigen Schirmquallen ist die Polypengeneration reduziert.

Korallen

Man unterteilt die Korallen oder Blumentiere (Anthozoa) in die **sechsstrahligen** Hexacorallia und in die **achtstrahligen** Octocorallia, wobei sich die „Strahlen" auf die Septen des Stützskelettes beziehen (s. S. 39 unten). Zu den Hexakorallen gehören neben einigen kleineren Ordungen die riffbildenden Steinkorallen (Scleractinia), die solitär lebenden Seeanemonen (Actiniaria), die kein Skelett besitzen, und die rugosen und tabulaten Korallen. Die Rugosa oder **Runzelkorallen** werden aufgrund ihrer vierstrahligen Symmetrie auch als Tetracorallia bezeichnet. Bei den Tabulata oder **Bödenkorallen** finden sich in den Kelchen horizontale Täfelchen, die Tabulae. Rugosa und Tabulata waren im Silur und Devon wichtige Riffbildner. Sie sind rein paläozoische Formen, die am Ende des Erdaltertums ausgestorben sind. Die Oktokorallen umfassen die Weich-, Leder- und Hornkorallen, die Gorgonien und Seefedern. Ihr Skelett ist nur teilweise verkalkt, so dass sie als Riffbildner kaum eine Rolle spielen.

Bestimmungsmerkmale

Bei der Bestimmung von Korallen wird man zunächst zwischen Einzelkorallen und koloniebildenden Arten unterscheiden. Die Wuchsform kann von ökologischen Faktoren abhängen und in weiten Grenzen variieren. Aussagekräftiger sind der Aufbau und die Anordnung der Septen zueinander. Die Septen zeichnen sich häufig auf der Außenseite der Koralle in Form von Längsstreifen ab. Manchmal sind sie zu kleinen Septaldornen reduziert. Das Skelett eines einzelnen Korallenpolypen bezeichnet man als Corallit, einen Kelch als Polypar. Das Zwischengewebe nennt man Coenosteum (1). In den Kelchen tabulater Korallen sind dünne Böden eingezogen, die man Tabulae (2) nennt und im Anschnitt oder Querbruch gut erkennen kann. Hexakorallen können eine zentrale Achse, die Columella (3), besitzen. Dissepimente (4) sind blasige oder horizontale Lamellen, die besonders bei den Rugosa ausgebildet sind. Man kann bei Korallen rhythmische Anwachslinien erkennen. Manchmal kommt es zu einer Verjüngung, wenn durch horizontale Teilung neue Kelche entstehen. Wenige Korallenarten besitzen einen Deckel, mit dem sie ihren Kelch verschließen können. Eine Artbestimmung bei Korallen kann häufig nur an einem Anschliff vorgenommen werden und übersteigt dann die Möglichkeit einer exakten Bestimmung durch einen Sammler.

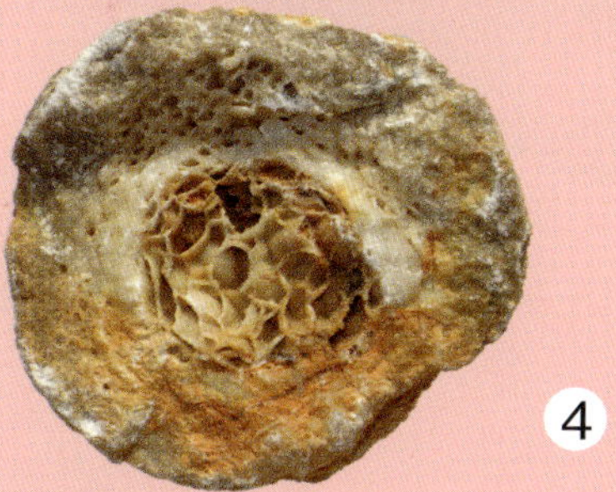

Hexakorallen besitzen Septen als inneres Stützskelett, die in sechsstrahliger Symmetrie angelegt werden. Bei zukünftigen Wachstumszyklen werden jeweils neue Septen zwischen den alten angelegt. Ihre Länge und Anzahl lässt auf das Alter der Korallen schließen.

„Sandkoralle“ *Protolyella*

Größe: 3 bis 5 cm
Alter: 520 Millionen Jahre
Herkunft: Västergötland (Schweden)
Häufigkeit: ●○○○○

Beschreibung: Bei *Protolyella* handelt es sich um flach-halbkugelige Gebilde von 3 bis 5 cm Durchmesser. Das Zentrum ist unstrukturiert, es schließt sich ein Kranz aus feinen, radial verlaufenden Kanälchen und feinen Poren an, die ein dichtes Netzwerk bilden. Der äußere Rand und die Unterseite sind glatt.

Über die systematische Stellung von *Protolyella* herrscht noch immer keine Klarheit. Heute wird sie von den meisten Autoren zu den staatsbildenden Quallen gestellt, aber auch eine Zugehörigkeit zu den Psammocorallia (Sandkorallen) wurde diskutiert. *Protolyella* liegt mit der gewölbten Seite im Sediment. Das sehr seltene Fossil kommt am Kinnekulle und Lugnåsberget in Västergötland (Schweden) vor.

Verwechslungsmöglichkeit: *Protolyella* kommt ausschließlich im Sandstein vor. Ähnliche kalkige Fossilien oder solche in Flinterhaltung sind jünger und anderen Tiergruppen zuzuordnen.

Conularien *Conularia*

Größe: 2 bis > 8 cm
Alter: Ordovizium bis Silur, ca. 420–470 Millionen Jahre
Herkunft: Schweden, Estland
Häufigkeit: ●●○○○

Beschreibung: Die ausgestorbenen Conularien werden zu den Scyphozoen (Quallen) gerechnet. Ihre Polypen besitzen eine chitinig-phosphatische Hülle, die ein charakteristisches Muster aus Querstreifen, Längsfurchen und einer Mittellinie trägt. Conularien sind im Querschnitt mehr oder weniger viereckig. Man nimmt an, dass Conularien in ihrer Jugend mit einer Haftscheibe am Untergrund festgeheftet waren, sich später aber abgelöst haben und zu einem Leben im freien Wasser übergegangen sind.

Conularien sind selten zu finden, zumeist sind sie im Kalk eingeschlossen und müssen mit dem Geologenhammer aus ihrem steinernen Gefängnis befreit werden.

Verwechslungsmöglichkeit: Die grauviolette, selten fast schwarze chitinig-phosphatische Hülle und das charakteristische Muster machen Conularien nahezu unverwechselbar.

Bödenkoralle *Favosites / Palaeofavosites*

Größe: 2 bis > 10 cm
Alter: Silur, ca. 420–440 Millionen Jahre
Herkunft: Gotland (Schweden), Ostseegrund, Estland
Häufigkeit: ●●●●○

Beschreibung: Die tabulaten Korallen lebten ausschließlich in den Meeren des Erdaltertums. Sie gehören zu den ersten Riffbildnern. Viele Coralliten, so nennt man die Röhren der Einzeltiere, sind miteinander verwachsen und bilden eine Kolonie. Über Wandporen stehen die Polypen miteinander in Kontakt. Charakteristisches Kennzeichen sind Querböden, die in die Coralliten eingezogen sind. Im Querschnitt (Bild links) kann man sie deutlich erkennen. Septen – für viele andere Korallen kennzeichnend – sind bei den Bödenkorallen auf ein paar Wanddornen reduziert. Die Querschnitte der Coralliten sind bei *Favosites* meist fünf- oder sechseckig. Die Kolonie erscheint in der Aufsicht wabenartig.

Verwechslungsmöglichkeit: Ähnlich ist die Gattung *Heliolites* (S. 43), deren Coralliten einen runden Querschnitt haben und weniger dicht angeordnet sind. Zwischen ihnen befindet sich ein Coenchym, das aus kleinen, mit Querböden versehenen Röhren besteht.

Sonnenkoralle *Heliolites*

Größe: 2 bis > 8 cm
Alter: Silur, ca. 420–440 Millionen Jahre
Herkunft: Gotland (Schweden), Ostseegrund, Estland
Häufigkeit: ●●○○○

Beschreibung: Die Kelche von *Heliolites* sind rund und berühren einander nicht. Zwischen ihnen befindet sich ein feines Netzwerk aus Porenöffnungen. Man nennt dieses Zwischengewebe Coenchym (Bild rechts). Die Kelche sind nicht über der Oberfläche erhaben. An ihrer inneren Wand kann man bei gut erhaltenen Funden zwölf senkrecht verlaufende, kaum hervortretende Septen erkennen. Im Querbruch sieht man neben den großen Röhren der Coralliten zahlreiche kleine Röhren, die den Porenöffnungen des Coenchyms entsprechen. Alle Röhren zeigen die für die tabulaten Korallen typischen Querböden.

Verwechslungsmöglichkeit: *Favosites* (S. 42) besitzt eckige Coralliten, die einander berühren. Bei *Sarcinula* (S. 44) stehen die Kelche meist über der Oberfläche hervor. Bei der ähnlichen *Propora* ragen die reduzierten Septen wie kleine Einwölbungen in das Innere der dickwandigeren Coralliten, die im Querschnitt ein blumenförmiges Muster zeigen. Das Zwischengewebe besteht aus kleinen, gewundenen Strukturen.

Orgelkoralle *Sarcinula*

Größe: 2–6 cm
Alter: Spätes Ordovizium, ca. 450 Millionen Jahre
Herkunft: Schweden bis Estland
Häufigkeit: ●●○○○

Beschreibung: Die Kelche der Orgelkoralle stehen in einigem Abstand zueinander, erheben sich über die Oberfläche. Sie sind auffallend dickwandig. Im Anschliff oder bei ausgewitterten Stücken sind sie auch im Querbruch als Röhren deutlich zu erkennen. Die Tabulae („Böden“) zwischen den Coralliten verlaufen horizontal oder leicht konkav. Sie stehen in einigem Abstand zueinander, bilden ein grobes Maschenwerk.

Verwechslungsmöglichkeit: Bei *Heliolites* (S. 43) stehen die Polypare nicht empor, zwischen ihnen befindet sich ein feinmaschiges Coenchym. *Syringopora* (S. 45) hat kleinere, gewundene bis gebogene Kelche, die durch Stolonen miteinander verbunden sind.

Pfeifenkoralle *Syringopora*

Größe: 2–6 cm
Alter: Silur, ca. 420–440 Millionen Jahre
Herkunft: Gotland (Schweden), Ostseegrund, Estland
Häufigkeit: ●●●○○

Beschreibung: Die einzelnen Kelche dieser Korallenkolonie sind leicht verbogen, sie stehen frei, sind aber in regelmäßigen Abständen durch quer verlaufende Röhren (Stolonen) miteinander verbunden. Bei angeschliffenen Stücken kann man dies manchmal sehen (im Bild rechts). Es gibt ausgewitterte Stücke, bei denen die kleinen, runden Kelche dann frei über die Oberfläche hinausragen.

Verwechslungsmöglichkeit: Bei den Kettenkorallen (S. 46) sind die einzelnen Kelche (Polypare) perlschnurartig miteinander verbunden. Bei der häufigeren *Favosites* (S. 42) sind die Polypare fünf- bis sechseckig und stehen dicht zusammen.

Kettenkorallen *Catenipora* und *Halysites*

Größe: 2–8 cm
Alter: Ordovizium bis Silur, ca. 420–450 Millionen Jahre
Herkunft: Dalarna, Gotland (Schweden), Ostseegrund, Estland
Häufigkeit: ●●●○○

Beschreibung: Bei den Kettenkorallen sind die kleinen Kelche (Polypare) perlschnurartig aufgereiht. Die Polypare sind leicht abgeflacht und mit den Schmalseiten verwachsen. Die so entstehenden Ketten durchkreuzen sich, bilden ein netz- bis wabenförmiges Muster, was sie in der Aufsicht unverwechselbar macht. Zwischen den „normalen" Polyparen sind bei *Halysites* kleine Mikropolypare eingeschaltet (Lupe!), die der im Geschiebe häufigeren *Catenipora* fehlen. In der Seitenansicht sehen die „Ketten" eher wie hohe Wellblechwände aus. Man findet am Strand ausgewitterte oder in Kalkstein eingeschlossene Exemplare. Kettenkorallen in roten Kalken könnten aus Dalarna stammen.

Verwechslungsmöglichkeit: Ähnliche Schwämme (S. 31) zeigen eingefaltete Wände, keinesfalls ein starres Muster. Die Öffnungen der Polypare sind nur in der Aufsicht erkennbar. Ein Schwamm besitzt eine durchweg poröse Wandung.

Ästige Korallen

Größe: 0,5–2 cm
Alter: Silur, ca. 420–440 Millionen Jahre
Herkunft: Gotland (Schweden)
Häufigkeit: ●●●○○

Beschreibung: Viele Korallen wachsen nicht massig, sondern bilden ästig verzweigte Kolonien. Auf der Oberfläche sitzen zahlreiche Kelchöffnungen, die rund oder schlitzförmig, groß oder klein und mehr oder weniger dicht verteilt sein können. Es gibt zahlreiche Gattungen, die selbst von Fachleuten aufgrund einer großen Variationsbreite nicht immer sicher unterschieden werden können. Abgerollte Bruchstücke zeigen zudem nur selten hinreichende Bestimmungsmerkmale.

Verwechslungsmöglichkeit: Es gibt ähnlich ästig gebaute Moostierchen (Bild rechts), die kleine, dicht stehende und häufig sehr viel regelmäßiger angeordnete Poren besitzen.

Einzelkoralle *Schlotheimophyllum patellatum*

Größe: 5–10 cm
Alter: Silur, ca. 430 Millionen Jahre
Herkunft: Gotland (Schweden)
Häufigkeit: ●○○○○

Beschreibung: *Schlotheimophyllum* gehört zu den rugosen Korallen. Sie bildet große, flache Kelche mit weiter Öffnung, in deren Inneren man die zahlreichen, eng stehenden Septen gut erkennen kann. Oft wachsen mehrere Kelche zusammen, was für rugose Korallen („Einzelkorallen") eher ungewöhnlich ist.
Schlotheimophyllum kommt im oberen Visby-Mergel von Nord-Gotland häufig vor, ist im Geschiebe aber nur sehr selten zu finden.

Verwechslungsmöglichkeit: Andere rugose Korallen besitzen in der Regel langgestreckte, kuhhorn-artige Kelche. Schwämme (Bild links) haben keine Septen, sondern lassen Porenöffnungen erkennen.

Runzelkorallen

Größe: 1 bis > 5 cm
Alter: Spätes Ordovizium bis Silur, ca. 420–460 Millionen Jahre
Herkunft: Schweden (vor allem Gotland, auch Schonen und andere Gebiete), Ostseegrund, Estland
Häufigkeit: ●●●●○

Beschreibung: Die Runzelkorallen sind überwiegend Einzelkorallen, können aber auch Kolonien bilden. Sie sind wichtige Riffbildner im Silur und Devon. Am Ende des Erdaltertums sind sie ausgestorben. Die rugosen Korallen bilden oft kuhhorn-ähnliche, leicht gebogene Einzelkelche. Im Querschnitt und in der Kelchöffnung sind die Septen deutlich sichtbar. Häufig sieht man sie auch als unscheinbare Längsstreifen auf der Außenseite des Kelches.
Es gibt Runzelkorallen, die sich durch Sprossung immer wieder verjüngen. Häufig findet man abgerollte Bruchstücke am Strand.

Verwechslungsmöglichkeit: Orthoceren (Kopffüßer, S. 101) sind viel regelmäßiger gebaut, gekammert und besitzen keine Septen. *Parasmilia* (S. 52) aus der Kreidezeit ist meistens weiß mit ausgewitterten Septen oder sie liegt in Feuersteinerhaltung vor.

Steinkoralle *Thamnasteria concinna*

Größe: meist < 10 cm
Alter: Jura (unterer Malm: Oxfordium), ca. 155 Millionen Jahre
Herkunft: Polen, Ostseegrund
Häufigkeit: ●○○○○

Beschreibung: Die abgerollten hellen bis reinweißen Korallenstöcke von *Thamnasteria concinna* gehören zu den ganz wenigen Geschieben aus dem oberen Jura, die bei uns vorkommen. Sie sind in Schleswig-Holstein sehr selten, werden nach Osten hin immer häufiger und treten in einigen Gebieten Polens massenhaft auf. Kennzeichnend sind die kleinen, sternförmigen Coralliten, die nur sehr unscharf begrenzt sind. Zwischen den Coralliten sieht man viele kleine Poren. Manchmal sind die Septen benachbarter Kelche miteinander verschmolzen. Die Koralle lebte in strömungsreichem Wasser mit niedriger Sedimentationsrate.

Verwechslungsmöglichkeit: Silurische Korallen wie *Stauria* (kleines Bild) oder *Acervularia* haben meist geometrisch exakt begrenzte Coralliten. Die Grenzen zwischen ihnen sind in der Regel leicht erhaben. *Acervularia* besitzt zudem ringförmige Strukturen in den Kelchöffnungen.

Koralle *Sphenotrochus latus*

Größe: 0,5–1 cm
Alter: Paläozän, ca. 50 Millionen Jahre
Herkunft: Ostseegrund zwischen Süd-Schweden und Bornholm (Dänemark)
Häufigkeit: ●○○○○

Beschreibung: Selten kommen in einigen Strandsteinen kleine Korallen der Art *Sphenotrochus latus* vor. Die hellen Kelche sind unten stumpf, erweitern sich nach oben leicht und zeigen in der Kelchöffnung zahlreiche dünne Septen. In einigen dunkelbraunen Gesteinen kommen sie massenhaft vor. Diese Gesteine gehören in dieselbe Gruppe wie die Gesteine mit der winzigen Turmschnecke *Turritella nana*. Man hat sie früher häufig in der Gegend um Ystad (Schonen/S) gefunden, sie kommen auch auf Bornholm (DK) und leider sehr selten an der schleswig-holsteinischen und mecklenburgischen Ostseeküste vor. *Sphenotrochus* kommt auch in aschgrauen Paläozän-Gesteinen vor.

Verwechslungsmöglichkeit: Die kleinen massiven Kelche mit den dünnen Septen in der schokoladenbraunen Matrix sind unverwechselbar. Silurische Einzelkorallen (S. 48) laufen in der Regel unten spitz zu, treten nie in dieser Fülle auf. Silurische Kalke sind zudem hellgrau.

Einzelkoralle *Parasmilia excavata*

Größe: 1–3 cm
Alter: Späte Kreide, ca. 70 Millionen Jahre
Herkunft: Norddeutschland, Dänemark
Häufigkeit: ●●●●○

Beschreibung: Wie kleine Zwergenmützen liegen die elfenbeinfarbenen Einzelkorallen im Ostseekies. Meistens sind die Septen ausgewittert. Das Zentrum (Columella) ist nicht klar von den Septen zu trennen, ragt aber häufig über den Kelchrand empor.
Die „Art“ *Parasmilia excavata* ist quasi ein Sammeltopf für ähnliche Formen. Es sind in jüngerer Zeit mehrere neue Arten und Gattungen aufgestellt worden, die aber nicht hinreichend charakterisiert wurden. Bis zu einer ausstehenden Revision können alle Funde zu *P. excavata* gerechnet werden. Manchmal wird die Koralle auch in die Gattung *Coelosmilia* gestellt, was von Korallenkennern aber abgelehnt wird. *Parasmilia* lebte in tieferem Wasser.

Verwechslungsmöglichkeit: Silurische Einzelkorallen (S. 49) sind eher grau. Ihre Septen sind selten ausgewittert, in der Regel mit Sediment gefüllt. Das Septenmuster ist meist feiner. Bruchstücke, die nicht konisch geformt sind, gehören als Faustregel ins Ordovizium oder Silur.

Einzelkoralle *Parasmilia* in Feuersteinerhaltung

Größe: 1–4 cm
Alter: Späte Kreide, ca. 70 Millionen Jahre
Herkunft: Norddeutschland, Dänemark
Häufigkeit: ●●●○○

Beschreibung: Hexakorallen wie *Parasmilia* sind sechsstrahlig aufgebaut. Das bedeutet, dass zunächst sechs Septen angelegt werden. Beim weiteren Wachstum werden sechs neue Septen dazwischen geschaltet, dann in jeden Zwischenraum jeweils eine weitere. So entsteht eine Septenzahl, die immer durch sechs teilbar ist. Man kann den Aufbau im Querschnitt (im Bild rechts) gut erkennen. Die ältesten Septen sind am längsten, die jüngsten am kürzesten.

Verwechslungsmöglichkeit: Die weißen Linien auf der Außenseite des Feuersteinkernes entsprechen den Septen im Längschnitt. Die unterschiedliche Stärke entspricht wieder den Wachstumsgenerationen. Aufgrund dieses Kennzeichens ist *Parasmilia* lediglich mit älteren Korallen (S. 49) zu verwechseln.

Kandelaber-Koralle *Dendrophyllia candelabrum*

Größe: 0,5–2 cm
Alter: Paläogen (Danium), ca. 63 Millionen Jahre
Herkunft: Dänemark (Seeland: Faxe)
Häufigkeit: ●●●●○

Beschreibung: Im Süden der dänischen Insel Seeland bei Faxe ist ein riesiger Kaltwasser-Riffkomplex erhalten, der aus unzähligen Korallenstöcken aufgebaut ist. Die häufigste Koralle ist *Dendrophyllia candelabrum*, deren Wuchsform an die Saguaro-Kakteen erinnert, die man aus jedem Western kennt. Neue Polypare zweigen fast im rechten Winkel ab, wachsen dann parallel zum Hauptast nach oben. Die Polypare von *Faksephyllia faxoensis* sind etwas breiter, verzweigen sich im spitzen Winkel, der Korallenstock ist massiger. Die Korallenbruchstücke aus dem Strandkies sind schwer zuzuordnen. In der Regel findet man nur Äste in Steinkernerhaltung. Die Septen sind herausgelöst und hinterlassen tiefe Längsfurchen. Eine genaue Bestimmung kann kaum erfolgen. Der kleine, spitzkonisch zulaufende Kelch (im Bild links) gehört zu *Smilotrochus*.

Verwechslungsmöglichkeit: Bruchstücke von Weichkorallen (S. 56) sind nicht längs gefurcht.

Seefeder *Graphularia*

Größe: 0,5–2 cm
Alter: Paläogen (Danium), ca. 60–65 Millionen Jahre
Herkunft: Dänemark
Häufigkeit: ●●○○○

Beschreibung: Seefedern sind Weichkorallen, die einen zentralen Achsenstab als Skelettelement besitzen. Dieser Achsenstab ist immer gestreckt, drehrund, gerundet quadratisch, manchmal abgeflacht oder mit zwei bis vier Längsfurchen eingekerbt. Die Oberfläche ist glatt bis sehr fein gerippt (Lupe!). Seefedern sind aus der Kreide von Niedersachsen bis in die Niederlande bekannt, bisher aber auf Rügen nicht nachgewiesen und auf Møn äußerst selten. Funde aus dem Strandkies sind folglich jünger und stammen aus dem untersten Tertiär.

Verwechslungsmöglichkeit: Seeigelstachel (S. 153) haben, wenn sie nicht völlig abgerollt sind, in Längsreihen angeordnete Knoten oder Dornen auf der Oberfläche. Stücke mit Stachelbasis sind eindeutig den Seeigeln zuzuordnen. *Graphularia* zeigt häufig einen seidigen Glanz auf der Oberfläche.

Hornkoralle *Isis vertebralis*

Größe: 0,5–2 cm

Alter: Späte Kreide bis Paläogen (Danium), ca. 60–70 Millionen Jahre

Herkunft: Norddeutschland, Dänemark

Häufigkeit: ●●●●○

Beschreibung: Weich- oder Hornkorallen gehören zu den Octocorallia (kleines Bild), die im Gegensatz zu allen bis hierher beschriebenen Korallen keine sechs-, sondern eine achtstrahlige Symmetrie aufweisen. Weichkorallen haben zudem kein starres Kalkskelett, sondern besitzen lediglich einzelne verkalkte Sklerite in ihrem hornigen Achsenskelett. Diese kalkigen Internodien (Zwischenstücke) wechseln sich mit flexiblen, hornigen Abschnitten ab. Nach dem Tod des Tieres lösen sich die Kalkstücke aus dem Verbund. Man findet deshalb in der Regel auch kaum größere Oktokorallen-Teile. Die Gattungen *Isis* und *Moltkia* gehören zu den Gorgonien, den Fächerkorallen. *Isis vertebralis* besitzt knöchelartige Kalkelemente, deren Enden stumpfkegelig angespitzt sind (Bildmitte). Gut erhaltene Stücke zeigen ein feines Linienmuster auf der Oberfläche.

Verwechslungsmöglichkeit: Oktokorallen-Bruchstücke zeigen keine Septen. Sie besitzen hingegen ein Muster aus feinen, kurvig verlaufenden Längsrillen. Die Enden von *Isis vertebralis* sind sehr charakteristisch geformt.

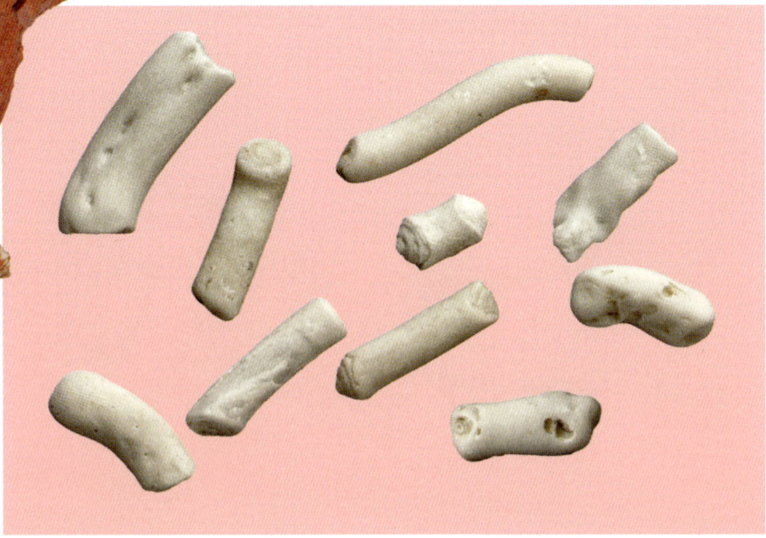

Hornkoralle *Moltkia*

Größe: 0,5–2 cm

Alter: Paläogen (Danium), ca. 60–65 Millionen Jahre

Herkunft: Dänemark

Häufigkeit: ●●●●○

Beschreibung: Ebenfalls zu den Oktokorallen gehört *Moltkia*. Ihre Kalksklerite sind durch die vielen runden Eintiefungen leicht kenntlich. Bei diesen handelt es sich um Kelchgruben, in denen zu Lebzeiten des Tieres die Polypen saßen. Die Kalkstücke (Internodien) tragen zwischen den Gruben ein Muster aus wellig verlaufenden bis mäandrierenden Streifen. Bei *Moltkia lyelli* stehen die Kelchgruben sehr dicht und sind teils perlschnurartig eingefasst, bei *Moltkia isis* sind sie etwas lockerer angeordnet und weniger tief.

Verwechslungsmöglichkeit: Es gibt mehrere, einander sehr ähnliche *Moltkia*-Arten, die schwer zu unterscheiden sind. Die Sklerite von *Isis vertebralis* (S. 56) besitzen konisch zugespitzte Enden und keine Kelchgruben. Moostierchen der Gattung *Desmepora* (S. 63) sind kleiner, ihre Porenöffnungen stehen sehr regelmäßig in zwei Reihen.

Was sind Moostierchen?

Moostierchen sind koloniebildende Tiere, die ast- oder blattförmige Stöcke aus Kalk, selten auch aus Chitin bauen oder krustenartige Überzüge auf harten Untergründen bilden. Sie besitzen einen von Tentakeln umgebenen Mund.

Herkunft des Namens

Die moosähnliche Wuchsform mancher Kolonien führte zu ihrer Bennennung.

Bauplan

Die Form einer Bryozoen-Kolonie ist artspezifisch. Sie kann beispielsweise fächer- oder bäumchenförmig, inkrustierend oder massiv sein. Das Gehäuse des Einzeltieres (Zooid) nennt man Zooecium, die gesamte Kolonie Zoarium. Bryozoen besitzen einen Vorderkörper (Polypid), der einen Tentakelkranz trägt, und einen Hinterkörper (Cystid). Der Vorderkörper kann durch Muskeln komplett in den Hinterkörper eingezogen werden. Innerhalb der Kolonie gibt es spezialisierte Einzeltiere, die für Verteidigung oder Reinigung zuständig sind.

Größe

Kolonien können eine Größe von 1 m erreichen und aus mehr als 1.000 Zooiden bestehen.

Bestimmungsmerkmale

Bryozoen sind schwierig zu bestimmen. Neben der Wuchsform der Kolonie spielt die Form und Anordnung der Zooecien, die Form und Größe der Öffnungen (Aperturae), der Wandbau zwischen den Einzeltieren und die Bildung von Zwischengeweben eine Rolle beim Unterscheiden der Arten.

Lebensraum und Lebensweise

Die Vielzahl der Moostierchen lebt in flachen Meeresbereichen, einige Arten kommen bis in die Tiefsee vor. Nur wenige Arten einer einzigen Ordnung sind in das Süßwasser vorgedrungen.
Bryozoen können sich sowohl geschlechtlich durch freischwimmende Larven als auch ungeschlechtlich durch Knospung fortpflanzen.

Systematik

Moostierchen (Bryozoa) wurden früher zusammen mit den Armfüßern (Brachiopoda) und den Hufeisenwürmern (Phoronida) im Stamm der Tentaculata (Tentakelträger) vereinigt. Heute stehen sie als eigener Tierstamm innerhalb der sogenannten Lophotrochozoen den Weichtieren, Ringelwürmern, Armfüßern und einigen anderen gegenüber.

Artenzahl

Man kennt heute rund 5.500 rezente und 16.000 fossile Arten.

Vorkommen

Bryozoen sind seit dem Ordovizium bekannt. Sie stellen viele wichtige Leitfossilien.

Flustra foliacea, ein rezentes Moostierchen aus der Nordsee

Lunulites bezeichnet eine kreisförmige Bryozoenkolonie, die in der Lage ist, Ortswechsel vorzunehmen. Sie gehört zu den wenigen Moostierchen, die keine feste Verbindung zum Untergrund haben. Miozän, Geschiebe Ostholstein, 1,2 cm

Glockenförmiges Moostierchen *Diplotrypa*

Größe: 1,5–3 cm, selten größer
Alter: Ordovizium, ca. 450–465 Millionen Jahre
Herkunft: Schweden (vorwiegend Öland), Estland
Häufigkeit: ●●○○○

Beschreibung: Manchmal findet man am Strand halbkugelige bis glockenförmige Gebilde, die auf den ersten Blick gar keiner bekannten Tiergruppe zuzuordnen sind. Bei diesen Funden handelt es sich um eine besondere Ordnung der Moostierchen, die Treptostomata. Sie sind massiv aufgebaut, besitzen lange, röhrenförmige Wohnröhren (Zooecien), in die gelegentlich kalkige Querböden eingezogen werden. Somit erinnern sie an tabulate Korallen, besitzen aber keine Septen oder Randdornen in den Röhren. Es gibt Arten, deren Basis aus konzentrischen Ringen aufgebaut ist, bei anderen sind die Zooecien radialstrahlig angeordnet.

Verwechslungsmöglichkeit: Klappersteine (*Plinthosella*, S. 28) sind kugelig, bestehen aus Feuerstein. Kalkschwämme (S. 26 f.) besitzen eine poröse Oberfläche. Eine Trennung von den tabulaten Korallen ist manchmal unsicher, *Favosites* (S. 42) ist in der Regel nicht so exakt glockenförmig, besitzt größere, fünf- bis sechseckige Kelchöffnungen.

Moostierchen

Größe: 0,2–1 cm
Alter: Späte Kreide bis Paläogen (Danium), ca. 60–70 Millionen Jahre
Herkunft: Norddeutschland, Dänemark
Häufigkeit:

Beschreibung: Bryozoen sind winzige, koloniebildende Tiere. Das Gehäuse des Einzeltieres (Zooid) nennt man Zoecium. In jeder „Pore" saß einst ein tentakeltragendes Tier. Die Form und Größe der Öffnung (Apertur) ist ein wichtiges Bestimmungsmerkmal. Eine Kolonie (Zoarium) besteht aus vielen einzelnen Zoecien. Die Kolonie kann ästig, bäumchenförmig verzweigt, blattartig oder inkrustierend sein. Im letztgenannten Fall schmiegt sie sich an einen Untergrund an, so wie wir es von der heutigen „Seerinde" kennen, die wir auf angespülten Tangblättern am Ostseestrand finden können. Fossile Moostierchen sind häufig auf Seeigelgehäusen, Donnerkeilen oder Austernschalen aufgewachsen. Feuersteine führen mitunter Moostierchen in großer Zahl.

Verwechslungsmöglichkeit: Oktokorallen (S. 56 f.) besitzen kein feines Netzwerk aus Poren.

Lunulites, Semieschara, Coscinopleura, Onychocella

Größe: 0,2–1 cm
Alter: Späte Kreide bis Paläogen (Danium), ca. 60–70 Millionen Jahre
Herkunft: Norddeutschland, Dänemark
Häufigkeit:

Beschreibung: Nur wenige Moostierchen kann man zumindest einer Gattung zuordnen. *Lunulites* (oben links) ist hütchenförmig und fast rund. Die Kolonie ist im Gegensatz zu anderen Bryozoen frei beweglich. *Semieschara* (oben rechts) besitzt auf der Unterseite wulstartige Strukturen. *Coscinopleura* (unten links) ist an den streng geometrisch angeordneten, kleinen Porenöffnungen zu erkennen. Es sind flache Formen, die aus zwei Lagen von Zoecien aufgebaut sind. *Onychocella* (unten rechts) hat große, einzeln eingefasste Zoecien, deren Öffnungen etwas tiefer zu liegen scheinen. Die Zoarien sind flach und ast- bis blattförmig.

Verwechslungsmöglichkeit: Bryozoen sind sehr schwer zu bestimmen, da es sehr viele sehr ähnliche Arten gibt. Ein Blick in die Spezialliteratur ist hier unvermeidlich.

Heteropora, Desmepora, Spiropora, Membranipora

Größe: 0,2 – 1 cm
Alter: Paläogen (Danium), ca. 60 – 65 Millionen Jahre
Herkunft: Norddeutschland, Dänemark
Häufigkeit: ●●●●●

Beschreibung: Es gibt eine Vielzahl an astförmigen Moostierchen-Arten. *Heteropora* (oben links) besitzt, wie der Name schon vermuten lässt, große und kleine Porenöffnungen (Lupe!), die dicht an dicht über die Oberfläche verteilt sind. Das massige Zoarium von *Desmepora* (oben rechts) trägt an einer Seite zwei Reihen krater- bis astförmiger Auswüchse, in denen die Öffnungen sitzen. *Spiropora* (unten links) ist grazil, zeigt in regelmäßigen Abständen ringförmig angeordnete Porenöffnungen. *Membranipora* (unten rechts) ist eine Sammelgattung, in der blatt- bis astförmige Zoarien sowie inkrustierende Formen vereinigt werden. Die Öffnungen sind stets sehr groß, reichen fast bis zum Rand des Zoeciums.

Verwechslungsmöglichkeit: Bryozoen sind sehr schwer zu bestimmen. Aufgrund der zahlreichen einander sehr ähnlichen Arten bleibt eine exakte Bestimmung häufig dem Fachmann vorbehalten.

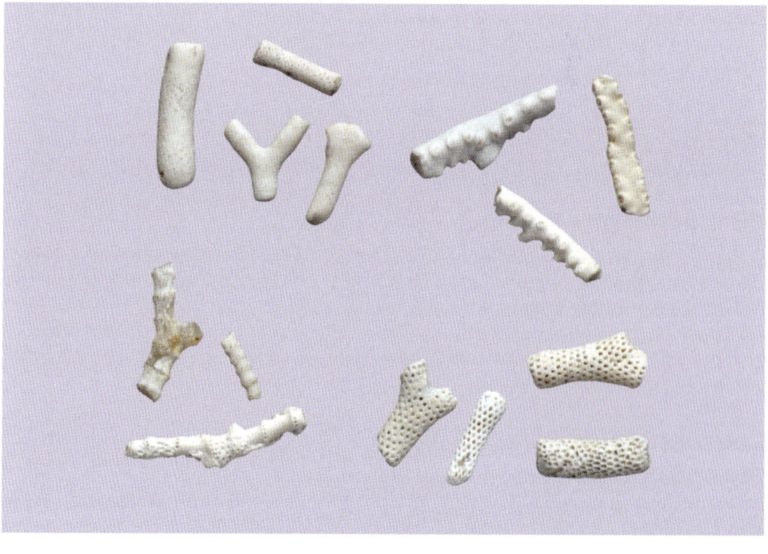

Was sind Brachiopoden?

Brachiopoden erinnern äußerlich an Muscheln, besitzen wie diese zwei Schalenklappen, die jedoch nicht rechts und links liegen, sondern vorn und hinten. Die Klappen sind bilateral symmetrisch (spiegelbildlich). Brachiopoden sind meistens auf der hinteren Seite mit einem Stiel am Untergrund festgewachsen.

Herkunft des Namens

Brachiopoda bedeutet übersetzt soviel wie „Armfüßer", obwohl die Tiere weder Arme noch Füße haben. Aufgrund ihrer Ähnlichkeit mit frühen Öllampen werden sie auch „Lampenmuscheln" genannt.

Bauplan

Die Schalen der Brachiopoden liegen auf der Rücken- und der Bauchseite der Tiere. Am Hinterende sind sie bei den meisten Formen mit einem Schloss verbunden. Die ventrale („bauchseitige") Stielklappe ist meist deutlich gewölbt, der Wirbel kann schnabelartig eingekrümmt sein. Durch einen zentralen Schlitz (Delthyrium) tritt der Stiel aus. Das Delthyrium kann sich durch angelagerte Kalkplättchen zu einem rundlichen Stielloch verwachsen. Die häufig weniger stark gewölbte dorsale („rückseitige") Armklappe trägt in ihrem Inneren die kalkigen Lophophoren („Armgerüst"), die mit kleinen Tentakeln besetzt sind. Das Armgerüst kann schleifenartig aussehen oder spiralig eingerollt sein.

Spiriferina pinguii, mit erhaltenem Armgerüst, Jura, Chateauroux, Frankreich

Größe

Die größten fossilen Brachiopoden erreichen eine Schalenbreite von 30 cm.

Bestimmungsmerkmale

Das innenliegende Armgerüst ist wichtigstes systematisches Merkmal, aber nur in den seltensten Fällen fossil überliefert. Zur Bestimmung besser geeignet ist die Form der Schalenklappen, das Vorhandensein von Sätteln und Einbuchtungen, die Art der Berippung, Größe, Form und Lage der Stielöffnung und der Verlauf des Schalenrandes, der glatt, sinusförmig geschwungen oder vielfach eingefaltet sein kann.

Lebensraum und Lebensweise

Brachiopoden sind rein marine Lebewesen. Sie sind zumeist mit einem Stiel am Untergrund angewachsen, öffnen ihre Klappen und filtern Wasser.

Triviales

Einige rhynchonellide Brachiopoden erinnern in ihrer Form an Tauben mit ausgebreiteten Flügeln. Sie wurden zum Schutz gegen Schadenszauber und Geister über der Tür zum Haus oder im Stall aufgehängt.

Besonderheiten

In seltenen Fällen ist das Armgerüst der Brachiopoden fossil überliefert worden und kann bei aufgebrochenen Schalen auswittern.

Systematik

Traditionell wurden in der Vergangenheit die schlosslosen Brachiopoden (**Inarticulata**) von den schlosstragenden Formen (**Articulata**) getrennt. Heute unterscheidet man die schlosslosen **Linguliformea** mit chitiniger Schale, die schlosslosen **Craniformea** mit kalkiger Schale und die große Gruppe der schlosstragenden **Rhynchonelliformea**. Neben den **Rhynchonellata** und den **Strophomenata** gehören hierher noch drei weitere, heute ausgestorbene Klassen dazu.

Artenzahl

Bislang wurden 4.400 Gattungen mit fast 12.000 Arten beschrieben. Heute gibt es noch rund 83 Gattungen mit 375 Arten.

Vorkommen

Brachiopoden gibt es seit dem unteren Kambrium. In der Erdgeschichte haben sie als Leitfossilien eine große Bedeutung erlangt, treten in einigen Sedimenten nahezu gesteinsbildend auf.

rezenter Brachiopode, *Terebratella coreanica*, Ost-China

Neoliothyrina obesa mit großem Stielloch, obere Kreide, Lägerdorf

Die heute noch lebende *Lingula* besitzt einen bis zu 30 cm langen Stiel, mit dem sich das Tier im Untergrund verankern kann. *Lingula* gilt als „lebendes Fossil", deren Vorfahren im unteren Kambrium schon genauso ausgesehen haben wie ihre heutigen Verwandten.

Armfüßer aus dem Erdaltertum

Größe: 0,5–3 cm

Alter: Ordovizium bis Silur, ca. 420–480 Millionen Jahre

Herkunft: Schweden bis Estland

Häufigkeit: ●●●○○

Beschreibung: Armfüßer haben weder Arme noch Füße. Sie haben eine Arm- und eine Stielklappe, die in sich symmetrisch, jedoch unterschiedlich groß und verschieden stark gewölbt sind. Die Stielklappe überragt die Armklappe etwas. Aus einem kleinen Loch im „Schnabel" tritt ein Stiel aus, mit dem der Armfüßer am Untergrund angeheftet ist. Die Armklappe trägt ein mit Tentakeln besetztes Armgerüst, das Nahrungszwecken dient. Meistens sind die Klappen der Brachiopoden grob oder fein berippt. Man findet sie abgerollt im Kies. Ihre Schale ist meist grau und seidig glänzend. Zwischen den Rippen befinden sich häufig noch Sedimentreste. Brachiopoden kommen in verschiedenen, überwiegend grauen Kalken des Erdaltertums vor, finden sich aber auch noch in jüngeren Sedimenten.

Verwechslungsmöglichkeit: Die meisten Muscheln besitzen eine gleich große rechte wie linke Klappe, die spiegelbildsymmetrisch zueinander sind. Ist eine Klappe größer als die andere oder ist sie achsensymmetrisch, handelt es sich in der Regel um Armfüßer.

Armfüßer *Microsphaeridiorhynchus nucula*

Größe: 0,5–1 cm

Alter: Silur, ca. 420 Millionen Jahre

Herkunft: Gotland (Schweden) und angrenzender Ostseeuntergrund

Häufigkeit: ●●●●●

Beschreibung: Der Kleine mit dem langen Namen stammt aus dem obersilurischen Beyrichienkalk. Die Schalen sind grob berippt, ihre Oberfläche ist jedoch recht glatt. Und so fallen sie häufig aus dem mechanisch zertrümmerten Muttergestein heraus und können lose im Strandkies gefunden werden. Früher wurde die Art auch in die Gattungen *Rhynchonella* und *Camarotoechia* gestellt.
Beyrichien sind winzig kleine Muschelkrebse, die den Namen des berühmten Berliner Geologen Ernst Beyrich tragen. Ihr massenhaftes Vorkommen in einigen silurischen Kalken führte zu der Bezeichnung „Beyrichienkalk".

Verwechslungsmöglichkeit: Ihre fast perfekte Symmetrie, die grobe Berippung, der geschwungene Schalenrand und der kleine „Schnabel" der Stielklappe machen die Art fast unverkennbar.

Armfüßer *Cretirhynchia retracta*

Größe: 1,5–2,5 cm
Alter: Späte Kreide, ca. 70 Millionen Jahre
Herkunft: Norddeutschland, Dänemark
Häufigkeit: ●●○○○

Beschreibung: Der Umriss der Schale ist in etwa dreieckig bis fünfeckig. Die Armklappe ist stark gewölbt, die Stielklappe flacher. Einige, zum Schloss undeutlicher werdende Rippen sind vorhanden. Auffallend ist der markante Vorderrand mit den in der Mitte stark gebogenen Schalen (Sinus). In der Aufsicht erinnern die Klappen manchmal an einen Engel oder eine Taube (kleines Bild links unten). Im Volksglauben wurden solche Funde als „Taubensteine“ bezeichnet und zum Schutz vor bösen Geisten im Haus aufgehängt oder in einem Beutel um den Hals getragen. Oft sind die Klappen stark abgerollt, nur in der Nähe ihres Herkunftsgebietes (Rügen, Møn; kleines Bild links oben) kann man gut erhaltene Exemplare finden.

Verwechslungsmöglichkeit: Der tiefe Sinus am Schalenrand macht diesen Armfüßer leicht bestimmbar.

Armfüßer *Neoliothyrina obesa*

Größe: 3–7 cm
Alter: Späte Kreide bis Paläogen (Danium), ca. 60–70 Millionen Jahre
Herkunft: Norddeutschland, Dänemark
Häufigkeit: ●●○○○

Beschreibung: *Neoliothyrina* kann 7 cm lang werden. Damit gehört sie zu den größten Brachiopoden, die wir am Strand finden können. Die Klappen sind längsoval. Die größere Klappe besitzt ein deutlich sichtbares Stielloch, biegt sich schnabelartig über die kleinere Armklappe. Die Schalen sind am unteren Ende wellenförmig geschwungen. Die häufigste Art bei uns ist *N. obesa, N. fittoni* bleibt etwas kleiner.

Verwechslungsmöglichkeit: Sehr charakteristisch ist die große Stielöffnung. In Kombination mit dem leicht geschwungenen Schalenrand kaum zu verwechseln.

Armfüßer *Carneithyris subcardinalis*

Größe: 2–4 cm

Alter: Späte Kreide bis Paläogen (Danium), ca. 60–70 Millionen

Herkunft: Norddeutschland, Dänemark

Häufigkeit: ●●●●○

Beschreibung: Gelegentlich findet man mehr oder weniger abgeschliffene Feuersteinkerne von Brachiopoden, ihre kalkige Schale hat sich durch Verwitterung häufig ganz oder teilweise aufgelöst. Beschädigungen im Schlossbereich kommen häufig vor. Die größere Klappe ragt ein wenig über die andere hinweg. Abdrücke des Armgerüstes sind oft auf der Oberfläche des Steinkerns sichtbar (kleines Bild links). Die Schalen von *Carneithyris subcardinalis* sind am Ende nicht oder nur schwach geschwungen, längsoval und bauchig, aber häufig ist aufgrund des Erhaltungszustandes keine Artbestimmung möglich.

Verwechslungsmöglichkeit: Aufgrund der achsensymmetrischen Schalen und den verschieden großen Klappen gut von Muscheln zu unterscheiden. *Neoliothyrina* (S. 69) besitzt einen geschwungenen Schalenrand und ein deutlich größeres Stielloch im „Schnabel“.

Armfüßer *Carneithyris lens*

Größe: 2–4 cm
Alter: Paläogen (Danium), ca. 60 Millionen Jahre
Herkunft: Dänemark
Häufigkeit: ●●●●○

Beschreibung: *Carneithyris lens* hat einen fast kreisrunden Umriss. Die Schalen sind nur wenig gewölbt. Man findet diese Art häufig in Schalenerhaltung im gelblich-weißen Saltholm-Kalk und als Steinkern in danzeitlichen Feuersteinen (beide unterstes Paläogen). Herausgewitterte Exemplare liegen lose im Strandkies. Der Steinkern lässt schön den spitzen „Schnabel" erkennen (Stielklappe) und zeigt häufig Abdrücke des Armgerüstes (Armklappe).
Man liest in der Literatur häufig die Bezeichnung *„Chatwinothyris lens"*. *Chatwinothyris* wird heute jedoch als Synonym von *Carneithyris* betrachtet.

Verwechslungsmöglichkeit: Durch die rundliche Form und die schwache Wölbung gut von dem kreidezeitlichen *C. subcardinalis* zu unterscheiden.

Armfüßer aus Kreide und Tertiär

Größe: 0,5–2 cm
Alter: Späte Kreide bis Paläogen (Danium), ca. 60–70 Millionen Jahre
Herkunft: Norddeutschland, Dänemark
Häufigkeit: ●●●●○

Beschreibung: Brachiopoden findet man nicht nur als Steinkern, sondern manchmal auch in Schalenerhaltung. Zweiklappige Exemplare sind dabei sehr selten und selbst einzelne Klappen sind in der Regel zerbrochen. Dennoch kann die Berippung der Schale, ihre Symmetrie sowie Lage und Größe des Stielloches Hinweise für eine Bestimmung geben. Die hier abgebildeten Stücke gehören zu den rhynchonelliden Brachiopoden und dort zu den Terebrateln. Häufige Gattungen sind *Terebratulina* und *Gemmarcula*. Grundsätzlich gilt, je besser eine Klappe erhalten ist, desto eher ist eine Bestimmung möglich.

Verwechslungsmöglichkeit: Die Klappen von Muscheln sind nicht achsensymmetrisch, haben differenzierte Schlosszähne und kein Stielloch.

Armfüßer-Klappen mit „Schloss“

Größe: 0,5–1 cm
Alter: Späte Kreide bis Paläogen (Danium), ca. 60–70 Millionen Jahre
Herkunft: Norddeutschland, Dänemark
Häufigkeit: ●●●○○

Beschreibung: Man unterscheidet bei den Brachiopoden zwei Klassen. Die Inarticulata haben häufig eine chitinig-phosphatische Schale. Sie besitzen kein Schloss, ihre Schalen werden nur durch Muskeln zusammengehalten. Hierher gehört die Gattung *Lingula*, ein „lebendes Fossil“, das es nahezu unverändert seit dem unteren Kambrium gibt (S. 65). Die weitaus größere und vielfältigere Klasse sind die Articulata, die schlosstragenden Brachiopoden. Die Schalen können durch Muskelkraft geöffnet und geschlossen werden, das Schloss fungiert dabei als Scharnier. Ihre Stielklappe trägt zwei kräftige Zähne, denen zwei Grübchen auf der Armklappe gegenüberstehen. Weitere Bauelemente wie Dentalplatten und Kardinalia können das Schloss noch verstärken. Durch diese massive Bauweise ist der Schlossbereich widerstandsfähiger gegen Beschädigung und Abrollung als die restliche Klappe. Man findet deshalb „Brachiopodenschlösser“ lose im Kies.

Verwechslungsmöglichkeit: Das Schloss der Muscheln ist asymmetrisch gebaut und trägt meistens unterschiedlich gestaltete Zähne.

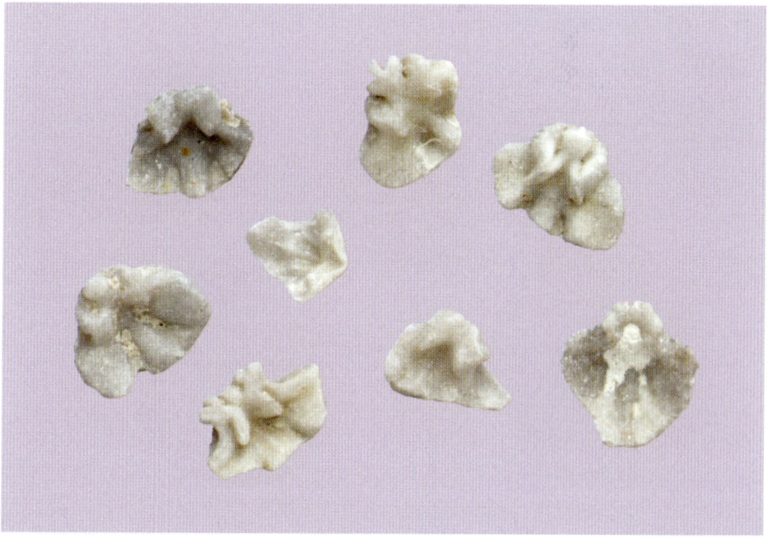

Armfüßer *Terebratulina, Trigonosemus*

Größe: 0,5–2 cm
Alter: Späte Kreide bis Paläogen (Danium), ca. 60–70 Millionen Jahre
Herkunft: Norddeutschland, Dänemark
Häufigkeit: ●●●○○

Beschreibung: Manchmal sind einzelne Brachiopoden so gut erhalten, dass eine Bestimmung bis zur Gattung oder sogar zur Art möglich ist. Links im Bild unten ist *Terebratulina chrysalis*, deren Klappen langgestreckt, schlank und dicht berippt sind. Auffallend ist auch eine seichte Vertiefung in Schalenlängsrichtung. Links ist ein Steinkern mit sehr starker Einbuchtung abgebildet. Diese Funde zeigen die große Variationsbreite mancher Arten.

Der kleine *Trigonosemus pulchellus* (Bild rechts) hat eine fast völlig ebene Armklappe, die von der Stielklappe mehr oder weniger schnabelartig überragt wird. Ein paar Rippen laufen vom Wirbel bis zum Schalenrand. Dazwischen sind kürzere Rippen eingeschaltet.

Verwechslungsmöglichkeit: Es gibt zahlreiche ähnliche Arten. Die Bestimmung muss anhand von Spezialliteratur vorgenommen werden.

Armfüßer *Isocrania*

Größe: 0,5–1 cm
Alter: Späte Kreide bis Paläogen (Danium), ca. 60–70 Millionen Jahre
Herkunft: Norddeutschland, Dänemark
Häufigkeit: ●●○○○

Beschreibung: *Isocrania costata* ist ein inarticulater, also schlossloser Brachiopode. Der Wirbel liegt nahezu im Zentrum der Schale. Von hier laufen einige kräftige Rippen zum Rand. Die Schaleninnenseite erinnert an einen Schädel, was zum Namen „Totenkopf-Brachiopode" geführt hat. Die meisten losen Funde von *Isocrania* stammen aus aufgearbeiteten Kreidesedimenten. Sehr selten findet man *Isocrania* auch im Feuerstein (kleines Bild rechts).

Verwechslungsmöglichkeit: Aufgrund der kräftigen Rippen und des sehr charakteristischen Erscheinungsbildes („Totenkopf") der Schaleninnenseite nur mit anderen Arten von craniiden Brachiopoden zu verwechseln. Eine ähnliche Art (*Danocrania tuberculata*, Bild links) kommt im paläozänen Echinodermen-Konglomerat bzw. im „*Crania*-Kalk" vor und ist somit etwas jünger. Auch ihre Klappen sind manchmal lose zu finden, allerdings deutlich seltener. Sie tragen auf der Schaleninnenseite kräftige Tuberkel.

Was sind Muscheln?

Muscheln (Bivalvia) sind eine Klasse der Weichtiere, die eine zweiklappige Schale, keinen Kopf, aber einen Fuß besitzen.

Herkunft des Namens

Der wissenschaftliche Name „Bivalvia" = „Zweischaler" bezieht sich auf die beiden kalkigen Schalenklappen.

Bauplan

Muscheln besitzen zwei Schalenklappen, die meist spiegelsymmetrisch zueinander sind, aber auch deutliche Unterschiede in Form und Größe zueinander aufweisen können. Kräftige Schließmuskeln können die Klappen zusammenziehen. Ein Schloss mit Schlosszähnen verhindert das Verrutschen gegeneinander und ein horniges Schlossband (Ligament) dient als Scharnier zwischen den Klappen. Das Zentrum der Schale wird als Wirbel (Umbo) bezeichnet. Das Ligament liegt immer hinter dem Wirbel. Somit kann man linke und rechte Klappen unterscheiden. Die Klappen wachsen vom Wirbel her, zumeist sind deutliche Anwachslinien erkennbar. Eine hornige Schicht, das Periostracum, bedeckt bei einigen Arten die Kalkschale. Auf der Innenseite der Klappen kann eine Perlmuttschicht vorhanden sein. Einige Muscheln können können aragonitische Perlen bilden.

Größe

Die größte heute lebende Muschel ist die Mördermuschel Tridacna, die eine Schalenlänge von 140 cm und ein Gewicht von 400 kg erreichen kann. Die größte fossile Muschel ist eine kreidezeitliche Inoceramus aus Grönland mit einer Länge von 178 cm.

Bestimmungsmerkmale

Neben der Form der Klappen und deren Skulpturierung dient vor allem das Schloss mit seinen Schlosszähnen der Unterscheidung von Gattungen und

Arten. Auch der Verlauf der Mantellinie, die Anwesenheit einer Mantelbucht sowie die Anzahl und Größe der Schließmuskelabdrücke sind wichtige systematische Merkmale.

Lebensraum und Lebensweise

Muscheln leben überwiegend im Meer, nur zehn Prozent der heutigen Arten kommen im Süßwasser vor. Die meisten Muscheln leben eingegraben im Sediment oder liegen auf der Sedimentoberfläche. Es gibt Arten, die in Holz oder weichem Gestein bohren können. Einige Muscheln können mit ihrem Fuß kurze Sprünge machen, Kammmuscheln können sogar schwimmen.

Triviales

Die Islandmuschel kann über 500 Jahre alt werden und zählt damit zu den ältesten Tieren auf unserem Planeten.

Besonderheiten

Bei guter Erhaltung kann das Farbmuster der Muscheln fossil überliefert sein. Bei unscheinbar aussehenden Klappen von *Glycimeris* (Meermandel), die man lose am Strand oder in der Kiesgrube finden kann, strahlen die Muskelansatzstellen unter UV-Licht leuchtend orange.

Systematik

Die innere Systematik der Muscheln beruht heute auf der Ausbildung der Kiemen. Man trennt die **Protobranchia** („Urkiemer") von den **Autolamellibranchia** („Eigenblattkiemer"). Letztere unterteilt man in die **Pteriomorphia** und die **Heteroconchia**. Insgesamt werden 20 Ordnungen unterschieden.

Artenzahl

Man kennt etwa 10.000 rezente und 20.000 fossile Muschel-Arten.

Vorkommen

Muscheln kommen weltweit im Salz- und Süßwasser vor. Die ältesten Muscheln stammen aus dem unteren Kambrium.

rezente Islandmuschel, *Arctica islandica*, mit schwarzem Periostracum, Nordsee

Kammmuschel *Syncyclonema nilssoni*

Größe: 1–4 cm

Alter: Späte Kreide bis Paläogen (Danium), ca. 60–70 Millionen Jahre

Herkunft: Norddeutschland, Dänemark

Häufigkeit: ●●●○○

Beschreibung: *Syncyclonema* gehört zu den Kammmuscheln und ist völlig glattschalig. Man sieht jedoch deutliche Anwachsstreifen auf den Klappen. Bei gut erhaltenen Exemplaren kann man neben dem Wirbel zwei „Ohren“ sehen, die sich in der Größe etwas unterscheiden.
Es gibt weitere Arten von Kammmuscheln, die kräftige Rippen auf den Schalen tragen. Hierzu gehört *Lyropecten* (Bild links).

Verwechslungsmöglichkeit: Die „Ohren“ sind ein sicheres Merkmal, um Muscheln von zufällig entstandenen, muscheligen Bruchflächen abzugrenzen. Muschelklappen sind zudem scharf zur umgebenden Matrix abgegrenzt. Eine ähnliche, aber seltenere Art, *Entolium membranaceum*, besitzt gleich große „Ohren“, bei *Syncyclonema nilssoni* sind sie unterschiedlich.

Steckmuschel *Pinna decussata*

Größe: 4 bis > 10 cm
Alter: Späte Kreide, ca. 70 Millionen Jahre
Herkunft: Norddeutschland, Dänemark, Schweden: Gotland, Öland, Estland
Häufigkeit: ●●○○○

Beschreibung: Die Steckmuschel *Pinna decussata* kommt fast immer in doppelklappigen Exemplaren vor. Sie steckte zu Lebzeiten im Sediment. Nach dem Tod des Tieres wurden die Schalen deshalb nur selten auseinandergespült. Die lang dreieckigen Schalen sind im Querschnitt oval bis schief quadratisch und tragen kräftige, weit stehende Längsrippen. *Pinna* erreicht zu Lebzeiten Längen von mehr als 50 cm. Leider ist sie bei uns in der Regel nur in recht kurzen Bruchstücken zu finden, die dem unteren Teil der Muschel entsprechen. Steckmuscheln leben heute in großen Exemplaren im Mittelmeer (Bild rechts).

Verwechslungsmöglichkeit: Lose Funde in Feuersteinerhaltung sind nahezu unverwechselbar.

Kammmuschel *Neithea quinquecostata*

Größe: 1,5–3 cm
Alter: Späte Kreide, ca. 70 Millionen Jahre
Herkunft: Norddeutschland, Dänemark
Häufigkeit: ●●○○○

Beschreibung: *Neithea* gehört zu den Kammmuscheln. Sie lag mit der rechten, stark gewölbten Klappe auf dem Meeresboden. Die linke, flache Klappe liegt wie ein Deckel auf. Die große Klappe trägt fünf kräftige Rippen, was zum Artnamen *quinquecostata* führte. Zwischen diesen Rippen sind zumeist vier kleinere Zwischenrippen eingeschaltet. Eine andere, kleinwüchsigere Art, *N. sexcostata*, trägt sechs Rippen und mindestens sechs Zwischenrippen. *Neithea* kennt man von Rügen und noch häufiger von Møn. Im Geschiebe sind derartige Funde allerdings nicht häufig.

Verwechslungsmöglichkeit: *Spondylus* (S. 81) und auch Brachiopoden im Feuerstein (S. 70) besitzen keine derartig erhabenen Rippen.

Stachelauster *Spondylus*

Größe: 2–5 cm
Alter: Späte Kreide bis Paläogen (Danium), ca. 60–70 Millionen Jahre
Herkunft: Norddeutschland, Dänemark
Häufigkeit: ●●●○○

Beschreibung: *Spondylus* ist eine Stachelauster. Die Schuppen auf den Rippen sind mitunter stachelartig verlängert. Bei einigen Arten trägt die Schale auch unbeschuppte Längsrippen. Die Muscheln sind ungleichklappig. Mit der größeren und stärker gewölbten Schale sind die Tiere am Untergrund angeheftet, die aufliegende Klappe ist flacher. Es gibt mehrere Arten, die allesamt etwas „schief" sind, deutliche Anwachslinien und kräftige Längsrippen tragen.

Verwechslungsmöglichkeit: Brachiopoden sind niemals längsgerippt. Je nach Erhaltungszustand ist eine Verwechslungsgefahr mit anderen Muscheln möglich.

Blasenauster *Pycnodonte vesicularis*

Größe: 5 bis > 12 cm
Alter: Späte Kreide, ca. 70 Millionen Jahre
Herkunft: Norddeutschland, Dänemark
Häufigkeit: ●●●●●

Beschreibung: Die dicken Schalen der Blasenauster *Pycnodonte vesicularis* sind allerorts häufig zu finden. Austern brauchen einen Hartgrund. Die linke, stark gewölbte Klappe ist festgewachsen, die rechte, flache Klappe liegt wie ein Deckel auf. Doppelklappige Exemplare sind deutlich seltener als einzelne Schalen. Deutlich erkennbar sind die Wachstumslamellen. Ihren Namen hat die Blasenauster von den blasigen Lagen (Lupe!) in den Schalen.

Verwechslungsmöglichkeit: Andere Muscheln zeigen nicht den lamellären Aufbau der Schale. *Inoceramus* (S. 84) ist kaum gewölbt, die Klappen zeigen einen prismatischen Bruch.

Kieselringe auf Austernschalen

Größe: 1–5 cm
Alter: Späte Kreide, ca. 70 Millionen Jahre
Herkunft: Norddeutschland, Dänemark
Häufigkeit: ●●●●○

Beschreibung: Manchmal findet man auf Austernschalen sogenannte Kieselringe, die den Klappen ein warziges Aussehen verleihen. Im Zuge der Fossilisation wird der Kalk der Austernschale durch Kieselsäure ersetzt. Dabei entstehen Kieselringe, die aufgrund ihrer chemischen Zusammensetzung gegen Witterungseinflüsse stabiler sind als der weiche Kalk. Durch Auswitterung entstehen so manchmal recht bizarre Gebilde (Bild oben Mitte), deren Ursprung man nur bestimmen kann, wenn man die Zwischenstufen kennt.

Verwechslungsmöglichkeit: Kieselringe findet man häufig auf Belemniten (S. 111), aber auch auf Korallen und Seeigeln.

Muschel *Inoceramus*

Größe: 0,5–5 cm

Alter: Späte Kreide, ca. 70 Millionen Jahre

Herkunft: Norddeutschland, Dänemark

Häufigkeit:

Beschreibung: Inoceramen gehören in die weitere Verwandtschaft der Austern. Ihre Schalen sind nur wenig gewölbt, zeigen zahlreiche, undeutliche Anwachslinien. Inoceramen stellen die größten Muscheln der Welt dar. Im Geologischen Museum Kopenhagen ist eine 1,78 m große Klappe aus der Späten Kreide von Grönland ausgestellt. Man nimmt eine maximale Länge von 2–3 m an. Die Schalen bestehen aus groben Kalkprismen, die leicht zerbrechen. Aufgrund der Größe und Empfindlichkeit ihrer Schale findet man nur Trümmer von Inoceramen im Kies. Die Bruchstücke sind auffallend dick und häufig eckig. Inoceramen sind am Ende der Kreidezeit ausgestorben.

Verwechslungsmöglichkeit: Andere Muschelschalen sind in der Regel sehr viel dünner und deutlicher gewölbt. Charakteristisch ist auch der stängelige Bruch, wie ihn das Exemplar im Bild links oben zeigt.

Meermandel *Glycimeris*

Größe: 2–4 cm
Alter: Neogen (Miozän), ca. 10–20 Millionen Jahre
Herkunft: Norddeutschland
Häufigkeit: ●●●●○

Beschreibung: Die Klappen der Meermandel sind fast kreisrund. Das Schloss besteht aus vielen, gleichartigen Zähnchen (isodont). Nahe dem Schlossrand kann man zwei Muskeleindrücke sehen. Die Schalen sind fein längs gerippt und tragen einige konzentrische Ringe. Die schöne rotbraune Zeichnung der Schale ist bei den fossilen Funden nicht erhalten.

Verwechslungsmöglichkeit: Die Meermandel lebt im Mittelmeer und Atlantik. Sie ist in der Nordsee selten, dringt aber sogar bis in die westliche Ostsee vor. Man muss daher etwas vorsichtig sein, ob es sich bei eigenen Funden um Fossilien oder rezente Exemplare handelt. Kiesgrubenfunde sind eindeutig fossil. Wurden am Fundort gleichzeitig Grabfüßer (S. 97) gefunden, spricht dies auch für miozänes Alter.

Kelloway-Geschiebe

Größe: bis > 30 cm
Alter: Mittlerer Jura, ca. 165 Millionen Jahre
Herkunft: Polen und angrenzender Ostseeraum
Häufigkeit: ●●●○○

Beschreibung: Wie viele andere Gesteine führen auch einige Kalksandsteine aus dem Jura massenhaft Muscheln, manchmal auch Armfüßer, Ammoniten und Schnecken. Grob gerippte, leicht kenntliche Muscheln aus der Verwandtschaft von *Astarte* (hier: *Nicaniella* in der Bildmitte) sind kennzeichnend für Geschiebe aus dem Kelloway (= Callovium, Mittlerer Jura), die sich mit ihrem Vorkommen zeitlich exakt einstufen lassen. Manchmal kann man in der Verwitterungsrinde oder auf der abgerollten Außenseite der Gesteine zudem kleine schillernde Schalenbruchstücke von Ammoniten entdecken.

Verwechslungsmöglichkeit: Das Vorkommen von Astarten, Ammonitenschalen oder Brachiopoden unterscheiden diese Geschiebe von ähnlichen tertiären Gesteinen.

Muschelabdruck

Größe: Muschelabdruck 1–5 cm
Alter: Tertiär, ca. 5–50 Millionen Jahre
Herkunft: Norddeutschland, Dänemark
Häufigkeit: ●●●○○

Beschreibung: Manchmal findet man im Inneren von kugeligen Limonitsandsteinen oder Tonkonkretionen eingeschlossene Fossilien. Häufig sind Muscheln, seltener Schnecken, Krebse, Haizähne oder Holz. In der Regel haben sich derartige Knollen um einen organischen Rest gebildet, aber oft ist von diesem nichts mehr erhalten. Mit Glück findet man aufgeplatzte Konkretionen, in deren Inneren sich versteinerte Tierreste wie Muschelschalen befinden. Sie können aus verschiedenen Schichten des Tertiärs stammen.
Abdrücke von Muscheln findet man auch auf vielen anderen Steinen wie Kalk und Flint.

Verwechslungsmöglichkeit: Muschelschalen erkennt man an konzentrischen Anwachsstreifen und einer nicht ganz symmetrischen Klappe. Feuerstein kann muschelig ausplatzen. Die Abdrücke sehen dem Bild oben zum Verwechseln ähnlich, im Bereich des „Wirbels“ sieht man aber häufig einen kleinen Kegel.

Holsteiner Gestein

Größe: Blöcke von mehr als 50 cm Kantenlänge sind bekannt
Alter: Paläogen (Miozän), ca. 20 Millionen Jahre
Herkunft: Östliches und südliches Schleswig-Holstein
Häufigkeit: ●●●○○

Beschreibung: Das Holsteiner Gestein ist sehr fossilreich und führt zahlreiche Arten von Muscheln und Schnecken. Einige von ihnen kommen noch heute in der Nordsee vor. Man kennt eine helle, unverwitterte und eine dunkle, verwitterte Variante dieses Gesteins, wobei Übergänge zwischen beiden Typen nicht bekannt sind. Braune Geschiebe können aufgeschlagen werden und bergen eine reiche und gut erhaltene Molluskenfauna. Die helle Variante ist hart und zäh, ein Aufschlagen meist unzweckmäßig. Früher wurden in den Kiesgruben um Malente Blöcke mit mehr als 50 cm Kantenlänge gefunden. Heute sind die Geschiebe allerorts selten geworden. Holsteiner Gestein kommt fast ausschließlich im Gebiet zwischen Kiel - Bad Segeberg - Lübeck und der Ostseeküste vor.

Verwechslungsmöglichkeit: Es gibt viele ähnliche Geschiebe, die anhand von Leitfossilien zeitlich exakt eingeordnet werden müssten, um Sicherheit bei der Bestimmung zu erlangen.

Muscheln & Schnecken

Größe: bis > 20 cm
Alter: Tertiär (Paläozän, Eozän, Oligozän, Miozän), ca. 20–50 Millionen Jahre
Herkunft: Norddeutschland, Dänemark
Häufigkeit: ●●●○○

Beschreibung: An fast allen Stränden der Nord- und Ostsee findet man tertiäre Gesteine, die von Muscheln und Schnecken erfüllt sind. Es handelt sich in der Regel um regional begrenzte Vorkommen, die aus unterschiedlichen Epochen stammen. Eine exakte zeitliche Einstufung kann nur über die enthaltenen Fossilien erfolgen. Meistens handelt es sich bei den Geschieben um graue bis braune Sandsteine oder Kalksandsteine mit lagenweise eingebetteten Schalen von Mollusken (unten) oder deren Abdrücke und Steinkerne (rechts).

Verwechslungsmöglichkeit: Es gibt seltene Kalksandsteine aus dem mittleren Jura (Dogger: Kelloway), die den tertiären Geschieben sehr ähnlich sind. Eine genaue Abgrenzung kann nur über die enthaltenen Fossilien erfolgen. Jura-Geschiebe führen häufig *Nicaniella* („*Astarte*") *pusilla*. Auch Ammonitenreste sprechen für jurassisches Alter.

Was sind Schnecken?

Schnecken (Gastropoden) gehören zu den Weichtieren. Sie besitzen gewöhnlich ein spiralig gewundenes Gehäuse.

Herkunft des Namens

Der Name „Gastropoda" bedeutet übersetzt „Bauchfüßer" und bezieht sich auf den Kriechfuß der Schnecken.

Bauplan

Die meisten Schneckenarten besitzen ein rechtsgewundenes Gehäuse. Zeigt die Spitze nach oben, liegt die Mündung auf der rechten Seite. Einige wenige Arten besitzen ein linksgewundenes Gehäuse. Nacktschnecken haben das Gehäuse vollständig reduziert.

Viele Schnecken besitzen ein Operculum, das als Verschlussdeckel dient und das Tier bei Trockenfallen vor Austrocknung schützt. Schnecken besitzen eine Raspelzunge (Radula) zum Abweiden von Nahrung.

Größe

Die größten Schnecken erreichen eine Gehäuselänge von 75 cm.

Bestimmungsmerkmale

Für fossile Schnecken stehen lediglich die Gehäusemerkmale zur Verfügung. Dazu zählen die Gehäuseform, die Anzahl der Windungen, die Nahtlinie zwischen den Windungen und die Art der Skulpturierung. Die Mündung kann ganzrandig sein oder einen nach unten offenen Siphonalkanal besitzen. Der Mündungsrand kann innen oder außen lippenartig verdickt sein. Ursprüngliche Schnecken besitzen eine schlitzartige Aussparung, die vom Mündungsrand entlang der Spirale nach hinten läuft und dazu dient, das Ausatemwasser abzuleiten. Dieses Schlitzband kann zu einer Lochreihe umgebildet sein. Man spricht von einem Nabel, wenn sich die Windungen bauchseits in der Mitte nicht berühren. Die zentrale Spindel kann Falten tragen. Auch Mündungszähne können ausgebildet sein. Wichtig ist zudem die Form des Protoconchs, der allerersten Jugendwindung an der Gehäusespitze.

Lebensraum und Lebensweise

Die meisten Schnecken leben im Meer, es gibt aber auch zahlreiche Süßwasserbewohner. Lungenschnecken haben ihre Kiemen zurückgebildet und eine Atemhöhle („Lunge") entwickelt, die sie zum Landleben befähigt. Viele Schnecken sind Zwitter. Sie sind gleichzeitig Männchen und Weibchen, aber in der Regel nicht zeitgleich, damit sie sich nicht selbst befruchten können.

Triviales

In seltenen Fällen kann es vorkommen, dass Schnecken gegen die gewohnte Richtung, also spiegelverkehrt, eingerollt sind. Solche „Schneckenkönige" sind in Sammlerkreisen sehr begehrt.

Besonderheiten

Schnecken sind beliebte Beutetiere und einige Arten landen auch beim Menschen auf dem Teller.

Systematik

Die Schnecken werden in **Eogastropoda** und **Orthogastropoda** untergliedert. Eine heute veraltete Systematik teilt die Schnecken in Vorderkiemer-, Hinterkiemer- und Lungenschnecken ein.

Artenzahl

Man kennt fast 40.000 lebende und doppelt so viele fossile Schnecken-Arten.

Vorkommen

Schnecken gibt es seit dem unteren Kambrium. Heute stellen sie die größte Klasse innerhalb der Weichtiere.

Schnecken aus dem Erdaltertum

Größe: 0,5–3 cm
Alter: Ordovizum bis Silur, ca. 420–480 Millionen Jahre
Herkunft: Schweden, Estland
Häufigkeit: ●●○○○

Beschreibung: Einige ursprüngliche Schnecken besitzen ein Gehäuse, das in einer Ebene eingerollt ist oder dessen Windungen sich kaum erheben. Sie stammen meist aus dem Erdaltertum. Planspirale Formen sind bilateral symmetrisch. Im Laufe ihrer Entwicklung drehen die Schnecken Mantel und Eingeweidesack um 180° nach rechts. Eine Seite wächst schneller als die andere, das Gehäuse wird spiralig. Bei ganz frühen Formen ist diese „Torsion" noch nicht entwickelt. Das Gehäuse wird planspiral nach vorne eingerollt. Manchmal findet man diese „Alt-Schnecken" lose am Strand, viel häufiger jedoch in ordovizischen Kalken eingeschlossen.

Verwechslungsmöglichkeit: Es gibt planspiral aufgerollte Kopffüßer, die aber ein gekammertes Gehäuse besitzen. Manchmal sind diese Kammern auskristallisiert. Schnecken zeigen keine Kammerung und keine mit Kristallen ausgekleideten Gehäuse.

Turmschnecke *Loxonema*

Größe: 0,5–2 cm
Alter: Oberes Silur, ca. 420 Millionen Jahre
Herkunft: Gotland (Schweden) und angrenzender Ostseeuntergrund
Häufigkeit: ●●●○○

Beschreibung: Die kleinen, blaugrauen Turmschnecken stammen aus dem obersilurischen Beyrichienkalk, der überall häufig auftritt. Beyrichen sind winzig kleine Muschelkrebse, die manchmal massenhaft in dem Gestein vorkommen und zu dessen Namensgebung geführt haben. Auch Brachiopoden (S. 67) kommen manchmal in großer Zahl vor. Schnecken sind nicht ganz so häufig. Sie wittern aus dem Gestein heraus und können dann lose und mehr oder weniger stark abgerollt im Kies gefunden werden.

Verwechslungsmöglichkeit: Bei jüngeren Schnecken ist häufig noch die Schale erhalten, bei *Loxonema* niemals. Die Stücke werden kaum länger als 2 cm. Typisch ist auch ihre blaugraue, manchmal grünliche Farbe, die verwittert orange anlaufen kann.

Steinkerne von Schnecken

Größe: 0,5–2 cm
Alter: Ordovizium bis Tertiär, ca. 5–480 Millionen Jahre
Herkunft: Norddeutschland, Dänemark, Schweden, Estland
Häufigkeit: ●●●○○

Beschreibung: Schnecken kommen in allen erdgeschichtlichen Formationen und in ganz verschiedenen Sedimenten vor. Dementsprechend können die Funde am Strand ein ganz unterschiedliches Alter haben. Häufig findet man nur Steinkerne, also den Ausguss der Schale, die sich mittlerweile aufgelöst hat. Die feinsten Windungen sind meist zerbrochen. Weil sämtliche Merkmale der Schalenskulptur fehlen, kann man die Schnecken kaum bestimmen. Schnecken sind fast immer rechtsgewunden. Hält man sie mit der Spitze nach oben in der Hand, liegt die Mündung auf der rechten Seite.

Verwechslungsmöglichkeit: Häufig findet man am Strand die leeren Gehäuse der Strandschnecke *Littorina*. Diese rezenten Gehäuse tragen eine feine Farbstreifung, die fossilen Gehäusen grundsätzlich fehlt.

Lose Schneckenhäuser

Größe: 1–3 cm
Alter: Neogen (Miozän), ca. 10–20 Millionen Jahre
Herkunft: Norddeutschland
Häufigkeit: ●●●●○

Beschreibung: Fossile Schnecken, die man lose am Strand finden kann, stammen in der Regel aus miozänen Tonen, aus denen sie ausgewaschen wurden. Teilweise geschah dies schon vor Jahrtausenden, so dass ihre Gehäuse heute mit eiszeitlichen Schmelzwassersanden erneut abgelagert wurden. Dementsprechend abgerollt sind einige Stücke. Eine Bestimmung ist dennoch möglich, wenn die Gehäuse so charakteristisch sind wie das der Turmschnecke (*Turritella*, im Bild oben Mitte) oder des Pelikanfußes (*Apporhais*, im Bild unten rechts). In Kiesgruben sind solche Funde deutlich häufiger.

Verwechslungsmöglichkeit: Schnecken als solche sind in aller Regel eindeutig zu bestimmen. Fossile Formen können jedoch mit Gehäusen der rezenten Strandschnecken oder der landbewohnenden Schnirkelschnecken verwechselt werden. Fossilien zeigen keine Farberhaltung, während die rezenten Gehäuse in der Regel eine feine Streifung oder ein Farbmuster besitzen.

Pyritfossilien

Größe: 0,5–2 cm
Alter: Paläogen (Eozän), ca. 50 Millionen Jahre
Herkunft: Norddeutschland
Häufigkeit: ●●●○○

Beschreibung: An einigen Küsten Schleswig-Holsteins kommt grüner, zäher, und klebriger Tarras-Ton aus dem Eozän vor. Er streicht in der Wasserlinie aus oder ist in den Geschiebemergel in der Steilküste eingeschliert. Manchmal stecken kleine goldglänzende oder rostbraun angelaufene Fossilien im Ton oder liegen ausgewaschen am Strand. Sie sind pyritisiert, also durch Schwefeleisenkies ersetzt. Häufig sind Schnecken, Muscheln, Seelilienstielglieder, Holzstückchen und vieles mehr zu entdecken. An der Luft oxidieren diese Funde schnell, der Pyrit verbindet sich mit dem Wasser in der Luft, es bildet sich Schwefelsäure, das Fossil zerfällt. Tarras-Ton ist zwischen der Eckernförder Bucht und Fehmarn weit verbreitet. Bekannt war früher Katharinenhof auf Fehmarn, mittlerweile ist die Fundstelle unergiebig geworden. Um Pyritfossilien zu erhalten, muss man sie unter Sauerstoffabschluss, am besten in Parrafinöl, aufbewahren.

Verwechslungsmöglichkeit: Aufgrund der dunklen Farbe und dem hohen Gewicht unverwechselbar.

Grabfüßer, Elefantenzähne, *Dentalium*

Größe: 1–4 cm
Alter: Neogen (Miozän), ca. 10–20 Milionen Jahre
Herkunft: Norddeutschland
Häufigkeit: ●●●●○

Beschreibung: Auch wenn sie wie Elefantenzähne aussehen, so haben sie dennoch nichts mit den bekannten Dickhäutern zu tun. Scaphopoden, auch Kahnfüßer oder Grabfüßer genannt, gehören zu den Weichtieren und damit in die Verwandtschaft von Muscheln und Schnecken. Sie leben eingegraben auf dem Meeresgrund. Ihre mehrere Zentimeter lange Kalkschale ist leicht gebogen und verjüngt sich zum Ende hin. Es gibt gerippte und glatte Formen. Scaphopoden kommen in verschiedenen tertiären Gesteinen vor, werden aber auch aus miozänen Tonen ausgespült und können dann lose gefunden werden. Sie sind in Kiesgruben häufiger als am Strand.

Verwechslungsmöglichkeit: Mit Kalkröhrenwürmern (S. 119), deren Schale unregelmäßiger und manchmal in sich verwunden ist. Wurmröhren tragen drei bis max. sieben Längsrippen, Scaphopoden sind feiner berippt. Die Kalkschale der Scaphopoden besteht außen aus Prismen und innen aus konzentrischen Lagen (kleine Abbildung oben). Bei den Kalkröhrenwürmern sind beide Schichten lagig aufgebaut. Seeigelstacheln sind nicht hohl.

Was sind Cephalopoden?

Die Cephalopoden (Kopffüßer) gehören zum Stamm der Mollusca (Weichtiere). Man unterscheidet die ursprünglichen Nautiloideen von den übrigen Kopffüßern (Bactriten, Ammonoideen, Belemnoideen, Zehn- und Achtarmige Tintenfische).

Herkunft des Namens

Nautiloideen tragen wie alle Kopffüßer am Kopf tentakelartige Arme. Beim heute lebenden *Nautilus* sind dies etwa 90, bei den Kalmaren und Sepien zehn, Kraken besitzen acht Arme. Über die Anzahl der Arme bei fossilen Nautiloideen oder Ammonoideen weiß man nichts.

Bauplan

Kopffüßer besitzen im Grundplan eine äußere Kalkschale, die in eine Wohn- und zahlreiche Luftkammern unterteilt ist. Das ursprünglich gestreckte Gehäuse der Nautiloideen wurde im Laufe der Zeit gebogen, gekrümmt schließlich vollständig eingerollt. Die einzelnen Luftkammern sind durch einen häutigen Strang, den Sipho, miteinander verbunden. Über den Sipho konnte Gas oder Wasser in die Kammern gepumpt und so der Auftrieb reguliert werden. Die Nautilida besaßen kräftige, papageischnabelartige Kiefer, die als Rhyncholithen bezeichnet werden.

Größe

Fossile Vertreter der Endoceratida (*Cameroceras*) sollen Gehäuselängen von 9 m erreicht haben. Große Verwandte des *Nautilus* im Jura besaßen Gehäuse von über 50 cm Durchmesser.

Bestimmungsmerkmale

Neben der Form des Gehäuses ist vor allem die Ausbildung der Septen rund um den Sipho (Siphonalhüllen und Siphonalduten) ein wichtiges Bestimmungsmerkmal. Dazu sind jedoch Schliffpräparate notwendig.

Lebensraum und Lebensweise

Die frühen orthoceriden Nautiloideen („Orthoceren") dürften senkrecht im Wasser gestanden haben. Durch Kalkeinlagerung in den letzten Kammern und rund um den Sipho wurde schließlich eine stabile, horizontale Schwimmlage erreicht. Für frühe Formen wurde auch eine bodennahe Lebensweise mit einem schneckenartigen Kriechfuß diskutiert. Tiere mit gerollten oder gekrümmten Schalen dürften schwimmfähig gewesen sein.

Triviales

Im Volksmund werden Kopffüßer häufig auch als Tintenfische bezeichnet. Die meisten Kopffüßer besitzen tatsächlich einen Tintenbeutel und können zur Tarnung eine dunkle Flüssigkeit ausscheiden. Ob die paläozoischen Nautiloideen bereits diese Fähigkeit besaßen, ist unbekannt.

Systematik

Die Klasse der Nautiloidea wird in elf Ordnungen unterteilt, von denen nur die der Nautilida bis heute überlebt hat.

Artenzahl

Man kennt etwa 2.500 fossile Nautiloideen-Arten.

Vorkommen

Die Nautiloidea entwickelten sich im oberen Kambrium, erreichten im Ordovizium ihren Höhepunkt. Am Ende des Devon sind die meisten Ordnungen ausgestorben, lediglich die Orthocerida erreichten die Trias. Die im Devon erscheinenden Nautilida überleben mit zwei Gattungen bis heute.

Die Perlboote stellen mit insgesamt sechs Arten, darunter der bekannte *Nautilus pompilius*, die letzten heute noch lebenden Vertreter der Nautiloideen und sind damit die direkten Nachfahren der Orthoceren („Geradhörner") aus dem Altpaläozoikum.

Gehäuse von Kopffüßern, „*Endoceras*“

Größe: 2–10 cm, im Gestein bis > 50 cm
Alter: Ordovizium, ca. 460–480 Millionen Jahre
Herkunft: Süd-Schweden (überwiegend Öland, Östergötland, Västergötland)
Häufigkeit:

Beschreibung: Mit dem Begriff „Orthoceren“ (übersetzt „Geradhörner“) fasst man häufig alle ausgestorbenen, paläozoischen Kopffüßer mit einem langgestreckten Gehäuse zusammen. Ihr massenhaftes Vorkommen in einigen ordovizischen Sedimenten Skandinaviens führte zur Bezeichnung „Orthoceren-Kalke“. Nach Farbe und Fossilgehalt unterscheidet man jeweils einen unteren, mittleren und oberen roten und grauen Kalk. Orthocerenkalke wurden schon vor Jahrhunderten exportiert und fanden als Bodenplatten in Kirchen oder als Grabsteine Verwendung. Viele rote Kalke am Strand führen Orthoceren und häufig findet man ausgewitterte Gehäuse lose im Kies. Besonders im roten Orthocerenkalk sind diese Gehäuse teilweise oder vollständig mit weißem Calcit (Kalkspat) auskristallisiert.

Verwechslungsmöglichkeit: Es gibt Seelilienstiele im roten Kalk (S. 135), die sich aber nicht verjüngen, radialstrahlig aufgebaut sind und im Querbruch spiegeln.

Gehäuse von Kopffüßern, „*Orthoceras*“

Größe: 2–10 cm, im Gestein bis > 50 cm
Alter: Ordovizium bis Silur, ca. 420–480 Millionen Jahre
Herkunft: Schweden, Ostseegrund, Estland
Häufigkeit: ●●●●○

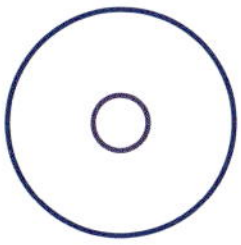

Beschreibung: Orthoceren kommen nicht nur in roten Kalken vor, häufiger sind sie in verschiedenen grauen Kalken. Das Tier selbst lebte in einer Wohnkammer, an die sich eine Reihe von Luftkammern anschlossen. Über einen schmalen Kanal, den Sipho, konnte das Tier Gas oder Wasser in die Kammern pumpen und nach dem U-Boot-Prinzip nach oben oder unten schwimmen. Nach dem Tod des Tieres füllten sich die Kammern mit Schlamm. Blieb eine Luftblase, konnten sich hier später weiße Calcitkristalle bilden. Den Sipho sieht man im Querbruch. Liegt er am Rand des Gehäuses spricht man von „Endoceren“ (S. 100), liegt er in der Mitte gehört das Fundstück zu den „Orthoceren“. Heute unterscheidet man nach Merkmalen im Gehäuseinneren zahlreiche Gattungen, so dass die Bezeichnungen „*Orthoceras*“ und „*Endoceras*“ nicht mehr korrekt sind. Endoceren sind auf das Ordovizium beschränkt, Orthoceren kommen auch noch im Silur vor. Silurische Arten besitzen häufig sehr eng stehende Kammern (Bild rechts).

Verwechslungsmöglichkeit: Steinkerne von Schnecken sind spiralig gewunden.

Nautilus

Größe: 3–10 cm
Alter: Späte Kreide, ca. 70 Millionen Jahre
Herkunft: Norddeutschland, Dänemark
Häufigkeit: ●○○○○

Beschreibung: Die merkmalsarmen Gehäuse der Nautiliden sind schwer zu bestimmen. Der enge Nabel und die sinusartig geschwungenen Kammerscheidewände sind typisch für einen *Nautilus*.

Nautiliden besitzen wie Ammoniten (und übrigens auch Schnecken) ein Gehäuse aus Aragonit, einer leicht löslichen Kalkvariante. Am Meeresboden und auch bei der späteren Fossilisation sind diese Gehäuse weniger widerstandsfähig und vergehen. Daher sind Schnecken, Nautiliden und Ammoniten im Feuerstein nur sehr selten erhalten. Die massiven Calcitschalen von Muscheln oder die Skelettelemente von Seesternen und Seeigeln hingegen werden sehr viel besser überliefet.

Verwechslungsmöglichkeit: Das sich nach vorn erweiternde Gehäuse und die nach hinten gebogenen, gleich breiten Kammern unterscheiden einen *Nautilus* von Naturspielen oder gebändertem Feuerstein (S. 188).

Ammonit

Größe: 1–30 cm
Alter: Späte Kreide, ca. 70 Millionen Jahre
Herkunft: Norddeutschland, Dänemark
Häufigkeit: ●○○○○

Beschreibung: Ammoniten gehören in der Schreibkreide und im Feuerstein zu den großen Seltenheiten, da ihr aragonitisches Gehäuse leicht aufgelöst wird. Im Gegensatz zu den Nautiliden haben Ammoniten stark aufgefaltete Kammerscheidewände. Dort, wo diese auf die Gehäusewand treffen, zeichnet sich die sogenannte Lobenlinie ab, eine blatt- bis blumenförmige Struktur, die nur Ammoniten zu eigen ist. Bei dem im Bild abgebildeten Stück ist diese auf der weißen Fläche rechts oben erkennbar.

Verwechslungsmöglichkeit: Nur wenn sich Reste einer Lobenlinie in Form zumindest welliger Konturen abzeichnen, kann man einen Ammoniten vermuten. Dendriten (S. 191) auf Kalkstein oder Feuersteinoberflächen bestehen aus kleinen, teilweise miteinander verwachsenen Punkten. Hier hilft eine gute Lupe.

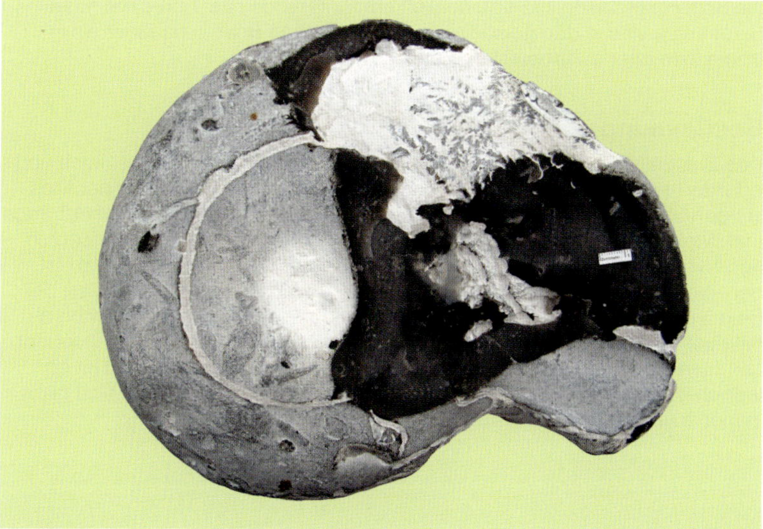

Was sind Belemniten?

Belemniten gehören zu den Zehnarmigen Tintenfischen (**Decabrachia**) und ähneln den heute lebenden Kalmaren. Sie besitzen acht kürzere, mit kleinen Fanghäkchen besetzte Arme sowie zwei lange Fangarme, die kräftige Fanghaken tragen. Das innen liegende Skelett des Belemniten gliedert sich in das Proostracum, eine dünne, hornige Rückenplatte, die über dem Weichkörper liegt (entsprechend dem Gladius der heutigen Kalmare), den gekammerten Phragmokon (Auftriebskörper) und das aus Calcit bestehende Rostrum. Die kegelförmige Einsenkung im Rostrum nennt man Alveole. Sie entspricht dem ältesten Teil des Phragmokons. Am spitzen Ende der Alveole liegt die Embryonalblase, die Anfangskammer des Phragmokons. Ventral, auf der Bauchseite des Tieres, befindet sich der Alveolarschlitz. Das Rostrum dient als Gegengewicht zum gasgefüllten Phragmokon.

Donnerkeile

Die kalkigen Gehäusespitzen (Rostren) der Belemniten werden im Volksmund als „Donnerkeil" bezeichnet. Sie gelten als Blitzschutz und wurden in der Volksmedizin gerieben gegen Blasen- und Augenleiden eingesetzt und sollen zudem Alpträume abwehren.

Lebensweise und Lebensraum

Belemniten gehören zum Nekton, leben als Schwarmtiere im freien Wasser. Die Fortbewegung erfolgt durch das Rückstoßprinzip sowie durch die Schwimmflossen, die sich seitlich am Hinterende des Tieres befinden. Belemniten sind in den gemäßigten und nördlichen Breiten häufiger als in tropischen oder subtropischen Zonen.

Bestimmungsmerkmale

Das Bestimmen der merkmalsarmen Belemnitenrostren ist nicht einfach und erfordert einige Erfahrung. In der Regel bedient man sich statistischer Messungen und Verhältniszahlen von Alveolartiefe, Alveolaröffnungswinkel, Länge und Winkel des Alveolarschlitzes, Länge von Rostrumspitze bis zum Beginn der Alveole und setzt alles in Beziehung zueinander. Der SCHATZKY-Wert ist der Abstand von Embryonalblase zum Hinterrand des Alveolarschlitzes, der BIRKELUND-Index der Quotient aus der Länge des Rostrums bis zur Embryonalblase und dem hier gemessenen Durchmesser. Und beim RIEDEL-Quotient teilt man die Länge des Rostrums durch die Tiefe der Alveole. Dazu ist es jedoch nötig, die gefundenen Rostren zu spalten, und selbst dann sind nicht immer zuverlässige Messungen möglich.

Größe

Die Rostren der kleinsten Belemniten (*Suebibelus*) werden 1 cm lang, die größten erreichen Längen bis über 70 cm (*Megateuthis*). Diese Riesen erreichten somit schätzungsweise eine Körperlänge (ohne Tentakeln) von 2,5 m.

Systematik

Zu den Belemnoidea gehören neben den **Belemnitida** auch die **Aulacocerida**, **Phragmoteuthida** und **Diplobelida**.

Vorkommen

Die ältesten, fraglichen Funde stammen aus dem unteren Karbon. Am Ende der Kreidezeit sterben die Belemniten aus.

Hibolites sp., Jura, Treuchtlingen. Rostrum und Phragmokon im Anschliff

Donnerkeile

Größe: 2–8 cm
Alter: Späte Kreide, ca. 70 Millionen Jahre
Herkunft: Norddeutschland, Dänemark
Häufigkeit: ●●●●●

Beschreibung: Es sind die mit Abstand häufigsten Fossilien vom Strand. Viele Sammler haben Bonbongläser voller Donnerkeile auf der Fensterbank stehen, oder sie liegen dicht an dicht in der Schatzkiste im Kinderzimmer. Donnerkeile sind die kalkigen Gehäusespitzen einer ausgestorbenen Gruppe von Kopffüßern, keine Fangarme, wie manche behaupten. Im Volksglauben wurden sie von dem Donnergott Thor mit seinem Hammer durch die Wolken geschlagen. Dabei entstanden Blitz und Donner, was zur Namensgebung führte. Und da ein Blitz nie zweimal an derselben Stelle einschlägt, ist der Träger eines Donnerkeils bei Gewitter geschützt.

Verwechslungsmöglichkeit: Mit ähnlich geformten Feuersteinen. Sicheres Kennzeichen sind die bernsteinartige Färbung, ein zentraler Kanal und der radialstrahlige Aufbau. Feuersteine brausen beim Betropfen mit Essig oder Säure nicht auf (stark verkieselte Donnerkeile jedoch auch nicht).

Donnerkeile, gespalten

Größe: 1–5 cm
Alter: Späte Kreide, ca. 70 Millionen Jahre
Herkunft: Norddeutschland, Dänemark
Häufigkeit: ●●●●○

Beschreibung: Oftmals brechen die Donnerkeile der Länge nach auf. Wenn man die Bilder auf der linken Seite betrachtet, sieht man eine Sollbruchstelle. Dies hängt mit dem Aufbau des Belemniten zusammen. Im Inneren kann man den faserigen Aufbau und den kennzeichnenden zentralen Kanal sehen. Dieser erweitert sich vorn zur sogenannten Alveole (Bild rechts; S. 104).

Verwechslungsmöglichkeit: Stabförmige Phoshorite von brauner Farbe besitzen niemals einen zentralen Kanal, sind niemals im Gegenlicht durchscheinend.

Donnerkeile mit flintgefüllter Alveole

Größe: 1–5 cm
Alter: Späte Kreide, ca. 70 Millionen Jahre
Herkunft: Norddeutschland, Dänemark
Häufigkeit: ●●●○○

Beschreibung: Der Belemnit besitzt einen Phragmokon, einen gekammerten Gehäuseteil, ähnlich dem *Sepia*-Schulp, den wir heute häufig im Angespül an der Nordseeküste finden können. Er dient dem Auftrieb. Dort, wo der Phragmokon in das Rostrum, den Donnerkeil, übergeht, befindet sich eine trichterförmige Einsenkung, deren Tiefe artspezifisch ist. Man nennt sie Alveole. An einer Seite trägt sie den sog. Alveolarschlitz. Manchmal ist diese Alveole mit Feuerstein ausgefüllt. Selten hat sich der kalkige Donnerkeil aufgelöst und die Alveole liegt als Feuerstein-Ausguss vor.

Verwechslungsmöglichkeit: Mit ähnlich geformten Feuersteinen (S. 186). Hier können anhaftende Donnerkeilreste, die gestreckt kegelförmige Gestalt oder der Abdruck des Alveolarschlitzes (Bild links) Sicherheit geben.

Donnerkeile, verwittert

Größe: 1–5 cm

Alter: Späte Kreide, ca. 70 Millionen Jahre

Herkunft: Norddeutschland, Dänemark

Häufigkeit: ●●●○○

Beschreibung: Donnerkeile, die man auf Feldern oder in Kiesgruben findet, sind häufig starkt erodiert. Am Strand sind solche Funde seltener. Durch leicht kohlensäurehaltiges Regen- oder Grundwasser löst sich das kalkige Rostrum langsam auf. Die äußere Schicht des Donnerkeils kann im Zuge der Fossilisation durch Kieselsäure imprägniert sein (S. 83) und widersteht damit der Verwitterung. Auf diese Weise entstehen sehr empfindliche, papierdünne Hohlröhren. Manchmal ist die radialstrahlige Struktur besonders schön ausgewittert. Gelegentlich bleibt der zentrale Kanal im Inneren stehen, der dann wie ein Dorn hervorragt.

Verwechslungsmöglichkeit: Keine.

Donnerkeile, abgerollt

Größe: 1–5 cm
Alter: Späte Kreide, ca. 70 Millionen Jahre
Herkunft: Norddeutschland, Dänemark
Häufigkeit: ●●●●○

Beschreibung: Auffällig sind Donnerkeil-Bruchstücke, deren Enden zugespitzt sind. Durch Wellenschlag und bedingt durch unterschiedlich stark verkieselte Zonen des Rostrums werden Facetten angeschliffen. Dabei sind Bruchstücke mit einseitig gelagertem Schwerpunkt wie Spitzen oder Alveolen meist nur an der schwereren Seite kegelartig geformt. Manchmal hebt sich die verkieselte Außenhaut des Belemniten andersfarbig vom inneren Rostrum ab.
Wenn kleine Donnerkeil-Bruchstücke lange im Kies umherrollen, entstehen regelrechte Belemniten-Perlen (Bild links).

Verwechslungsmöglichkeit: Keine.

Donnerkeile mit Kieselringen

Größe: 1–5 cm
Alter: Späte Kreide, ca. 70 Millionen Jahre
Herkunft: Norddeutschland, Dänemark
Häufigkeit: ●●●○○

Beschreibung: Einige Donnerkeile besitzen ein fingerabdruck-ähnliches Muster auf der Oberfläche, bei anderen sind ausgeprägte, konzentrisch angelegte Ringe zu sehen. Nach ihrem Entdecker Leopold von Buch (1831) werden sie auch „Buch'sche Kieselringe" genannt. Sie entstehen, wenn Kalk aus dem Fossil langsam durch Kieselsäure ersetzt wird (Umkristallisation). Auf diese Weise verkieselt zunächst die äußere „Haut" des Donnerkeiles und wird widerstandsfähiger gegen Verwitterung durch kohlensäurehaltiges Oberflächenwasser. Deshalb lösen sich einige Donnerkeile, die man in Säure legt, nicht vollständig auf.

Verwechslungsmöglichkeit: Man findet Kieselringe häufig auf Belemniten und Austernschalen (S. 83), aber auch auf Seeigeln und Korallen.

Bohrschwamm *Cliona* / Spur *Entobia* in Donnerkeilen

Größe: 1–5 cm
Alter: Späte Kreide, ca. 70 Millionen Jahre
Herkunft: Norddeutschland, Dänemark
Häufigkeit: ●●●●○

Beschreibung: Der Schwamm *Cliona* bohrt in Kalksteinen, Muschelschalen oder eben auch in Donnerkeilen kugelige Löcher. Man findet ihn, bzw. die Spuren seiner Tätigkeit, heute in vielen Austernschalen an der Nordseeküste. Die einzelnen Kammern sind durch dünne Kanälchen miteinander verbunden. Auf diese Weise entsteht ein großes Netzwerk kleiner Schwammkörperchen. Der eigentliche, vor 70 Millionen Jahren in Belemniten bohrende Schwamm ist nicht erhalten, aber seine Bohrspuren werden mit einem eigenen Namen belegt: *Entobia cretacea*.

Verwechslungsmöglichkeit: Manchmal verwittern Donnerkeile in ähnlicher Weise. Sicherstes Kennzeichen für die (einstige) Anwesenheit eines Bohrschwammes sind die kleinen, hauchfeinen Kanälchen, die die einzelnen Kammern miteinander verbinden (im Bild oben rechts).

Bohrwurm *Ramosulcichnus biforans* in Donnerkeilen

Größe: 1–5 cm
Alter: Späte Kreide, ca. 70 Millionen Jahre
Herkunft: Norddeutschland, Dänemark
Häufigkeit: ●●●○○

Beschreibung: Nicht nur Schwämme bohren in Belemniten-Rostren, sondern auch Würmer. Heute findet man die Gänge des Bohrringelwurmes *Polydora ciliata* in Kalksteinen am Strand. In der Kreidezeit hat ein anderer Ringelwurm seine Spuren in den kalkigen Rostren von Belemniten hinterlassen. Der Kieler Geologe Karl Gripp hat ihn 1967 als *Polydora biforans* beschrieben. Da sich der Wurm jedoch nicht erhalten hat und lediglich seine langen, leicht gewundenen Bohrgänge vorliegen, hat man diese zu den Spurenfossilien gestellt und in die Gattung *Ramosulcichnus* überführt. Der Artname ist geblieben. Grundsätzlich gilt, dass sowohl Bohrschwamm als auch Bohrringelwurm nicht das lebende Tier geschädigt, sondern lediglich tote Rostren besiedelt haben.

Verwechslungsmöglichkeit: Der rezente Bohrringelwurm kann in Kalksteinen und somit auch in Donnerkeilen ähnliche Fraßspuren hinterlassen. Er bildet jedoch kleine, u-förmige Gänge, die mitunter dicht an dicht stehen.

Donnerkeil mit Bohrspur *Dendrina*

Größe: 1–5 cm
Alter: Späte Kreide, ca. 70 Millionen Jahre
Herkunft: Norddeutschland, Dänemark
Häufigkeit: ●●●○○

Beschreibung: *Dendrina* bezeichnet kleine, sternförmig verästelte, kreisförmige Bohrspuren, die flach unter der Oberfläche in Belemnitenrostren oder anderen Organismen angelegt werden. Ihr Durchmesser beträgt maximal 5 mm. Manchmal kann man einen regelrechten Massenbefall von *Dendrina* auf Belemnitenrostren beobachten, die sich aber nur auf einer Seite befinden. Die Organismen haben demnach nur den Teil des Rostrums befallen, der aus dem Sediment herausragte. Als Verursacher wurden Einzeller oder Algen diskutiert. Man kennt mit *Dendrina belemniticola* und *D. anomala* zwei in Belemnitenrostren bohrende Arten, die sich in der Dicke der Kanälchen und der Art der Verzweigung unterscheiden.

Verwechslungsmöglichkeit: Es gibt eine Vielzahl von Bohrspuren in Belemnitenrostren. Die kleinen Rosetten sind jedoch unverwechselbar, aber mitunter verschwommen oder ausgewittert.

Donnerkeil mit Bohrspur *Talpina / Nygmites*

Größe: 1–5 cm
Alter: Späte Kreide, ca. 70 Millionen Jahre
Herkunft: Norddeutschland, Dänemark
Häufigkeit: ●●●○○

Beschreibung: Mitunter findet man fein verzweigte Bohrspuren, die ein dichtes Geflecht in den Belemnitenrostren bilden können. Die Gänge sind gegabelt bis fein verästelt, die Breite der Gänge ist dabei gleichbleibend schmal. Auf der Oberfläche finden sich winzige Öffnungen. Bei durchscheinenden Donnerkeilen kann man die hellen Gänge und ihr Verzweigungssystem gut erkennen, vor allem bei angefeuchteten Fundstücken. Als Erzeuger nimmt man Hufeisenwürmer an, die Bohrspur gehört zu *Talpina ramosa*. Hierher gehören auch die Gänge auf der rechten Seite des auf S. 110 oben abgebildeten Belemnitenrostrums.

Ähnliche Spuren, die zwar gewunden, aber stets unverzweigt sind, werden als *Nygmites solitarius* bezeichnet.

Verwechslungsmöglichkeit: Die Bohrgänge von *Ramosulcichnus* (S. 113) sind breiter, ungleichmäßiger angelegt und tragen mitunter Grübchen.

Was sind Ringelwürmer?

Ringelwürmer besitzen einen Körper, der aus zahlreichen gleichartigen Segmenten („Ringeln") aufgebaut ist. Die bekanntesten Anneliden sind der Regenwurm und der Wattwurm.

Herkunft des Namens

„*Annellus*" kommt aus dem Lateinischen und bedeuet „kleiner Ring", was sich auf die Körpersegmente bezieht.

Bauplan

Der Körper der Ringelwürmer gliedert sich in einen Kopfbereich (Protostomium), viele gleichartige Segmente (Rumpf) und das Hinterende (Pygidium). Die Körpersegmente können Ausstülpungen (Parapodien) besitzen und Borsten tragen. Die Parapodien können durch Muskelkraft bewegt werden und dienen der Fortbewegung. Einige Anneliden bauen fossil überlieferungsfähige Kalkröhren.

Größe

Die größten lebenden Anneliden (*Eunice aphroditois*) erreichen eine Körperlänge von 3 m und besitzen 1.000 Segmente.

Bestimmungsmerkmale

Fossile Kalkröhrenwürmer sind nach dem Verlauf der Röhre, der Windungsrichtung, der Längs- und Querskulptur und der Form von einstigen und aktuellen Mündungsrändern (Peristome) voneinander zu unterscheiden.

Lebensraum und Lebensweise

Es gibt festsitzende Kalkröhrenwürmer (**Sedentaria**), die einen harten Untergrund brauchen, an denen sie sich anheften können. Freilebende Formen (**Errantia**) sind bis auf einige Kieferelemente fossil nur sehr schwer erhaltungsfähig.

Besonderheiten

Ringelwürmer besitzen ein hohes Regenerationsvermögen. Bei manchen Arten reicht ein einzelnes Segment, um den gesamten Körper neu zu bilden.

Systematik

Früher wurden die Anneliden als Stammgruppe der Gliedertiere angesehen. Heute werden sie zusammen mit den Moostierchen und Armfüßern, den Schnurwürmern und den Weichtieren zum Überstamm der Lophotrochozoa gerechnet.

Man kennt sechs Ordungen der Annelida, von denen die meisten fossil keine Rolle spielen. Lediglich die kalkröhrentragenden **Sedentaria** sind in vielen Sedimenten seit dem Paläozoikum vertreten.
Die früher als eigene Klasse der Annelida eingestuften **Polychaeta** werden heute nicht mehr als Abstammungsgemeinschaft (Monophylum) gesehen.

Artenzahl

Den rund 13.000 heutigen Anneliden stehen etwa 22.000 fossile Arten gegenüber.

Vorkommen

Fossile Anneliden kennt man seit dem Kambrium. Sie kommen heute weltweit in allen marinen, limnischen und terrestrischen Lebensräumen vor.

Rotularia rotularia, untere Kreide, Sarstedt b. Hannover

Rotularia phillipsi, untere Kreide, Helgoland

Kalkröhrenwurm *Glomerula gordialis*

Größe: 0,2–1 cm
Alter: Späte Kreide bis Paläogen (Danium), ca. 60–70 Millionen Jahre
Herkunft: Norddeutschland, Dänemark
Häufigkeit: ●●●○○

Beschreibung: Einige Ringelwürmer wie der Regenwurm oder der Wattwurm leben frei, andere bauen sich ein schützendes Kalkgehäuse. Die Röhre von *Glomerula gordialis* ist im Querschnitt rund und völlig glatt. Sie ist mehrfach in sich verschlungen, bildet undurchdringliche Knäuel. Der lateinische Namen nimmt Bezug auf den Gordischen Knoten, ein leicht nachzuvollziehender Vergleich. Von manchen Autoren wird die Art zu *Cycloserpula* gestellt, hier soll aber der klassischen Zuordnung gefolgt werden.

Verwechslungsmöglichkeit: Es gibt einige weitere Arten dieser Kalkröhrenwurm-Gattung, *Glomerula gordialis* ist aber mit Abstand die häufigste.

Kalkröhrenwurm *Sclerostyla macropus*

Größe: 0,2–1 cm
Alter: Späte Kreide, ca. 70 Millionen Jahre
Herkunft: Norddeutschland, Dänemark
Häufigkeit: ●●●○○

Beschreibung: Die Wohnröhre von *Sclerostyla macropus* schmiegt sich zunächst an den Untergrund an und richtet sich später steil auf. Sie trägt sieben Längskiele, aufgrund derer der Wurm früher auch zur Gattung *Hepteris* (= „Siebenruderer") gestellt wurde. Die Röhren sind leicht gebogen, manchmal in sich „verdreht".

Verwechslungsmöglichkeit: In der Kreide ist *Tetraserpula canteriata* ebenfalls sehr häufig. Die Röhren tragen vier Längsrippen, der Querschnitt ist dadurch nahezu quadratisch. *Pentaditrupa subtorquata* besitzt fünf Längsrippen. Weitere Zählungen und Arten sind bekannt. Die Schale der zu den Weichtieren gehörenden Grabfüßer (Scaphopoden, S. 97) ist feiner gerippt. Verletzungen an der Mündung führen häufig zu Wachstumsstörungen. Wer sicher gehen will, muss einen Dünnschliff anfertigen. Die Röhren beider Organismengruppen bestehen aus zwei Schichten. Bei den Röhrenwürmern sind beide aus konzentrischen Lagen aufgebaut (kleine Abbildung oben, vgl. S. 97), bei den Scaphopoden besteht die äußere aus senkrecht stehenden Prismen.

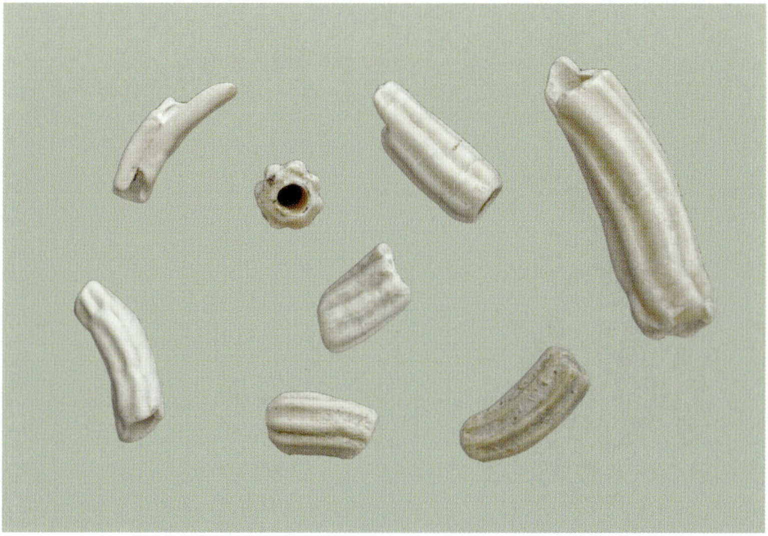

Kalkröhrenwurm *Orthoconorca conica*

Größe: 0,2–1 cm
Alter: obere Kreide, ca. 70 Millionen Jahre
Herkunft: Norddeutschland, Dänemark
Häufigkeit: ●●○○○

Beschreibung: Die Wurmröhre ist umgekehrt stumpfkegelig geformt und in den allermeisten Fällen linksgewunden. Hält man das Gehäuse mit der Spitze nach oben zwischen den Fingern, liegt die kleine Mündung auf der linken Seite. Die einzelnen Umgänge sind miteinander verschmolzen, so dass eine glatte Seitenwand mit kaum eingesenkten Nähten entsteht. Die Art zeigt eine geringe Variabilität, alle Funde sehen sich somit sehr ähnlich.

Verwechslungsmöglichkeit: Für eine Schnecke wäre die Mündung viel zu klein, zudem sind Schnecken in der Regel rechtsgewunden und die Windungen sind deutlich gegeneinander abgesetzt.

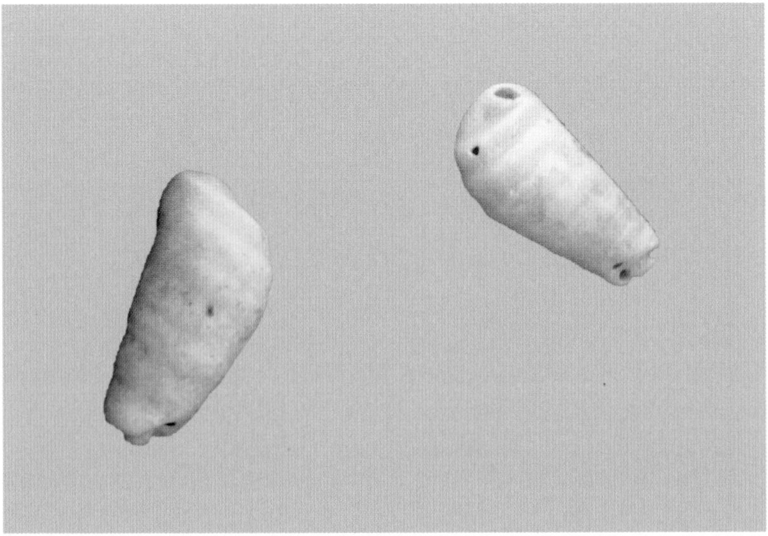

Spiralige Kalkröhrenwürmer

Größe: 0,2–1 cm
Alter: Späte Kreide bis Paläogen (Danium), ca. 60–70 Millionen Jahre
Herkunft: Norddeutschland, Dänemark
Häufigkeit: ●●●○○

Beschreibung: Es gibt mehrere Gattungen von Kalkröhrenwürmern, die eine schneckenartig gewundene, flachkegelige Röhre bauen. *Neomicrorbis crenatostriatus* besitzt eine dichte Granulierung bis hin zu kleinen Dornen auf der Oberfläche. Diese Ornamentierung kann aber bei Strandfunden abgeschliffen sein. Es gibt rechts- und linksgewundene Exemplare. Die Sammelgattung *Spirorbis* bleibt meistens deutlich unter 5 mm im Durchmesser. *Proliserpula ampullacea* trägt häufig einen Kamm und geht manchmal in einen langgestreckten Röhrenteil über. Sie erreicht 3 cm Durchmesser. *Conorca trochiformis* ist flach stumpfkegelig, jedoch nicht so hoch gewölbt wie *Orthoconorca conica* (S. 120). *Rotularia* ist meist dickwandiger, etwas unregelmäßig aufgerollt, die Mündung steht gerade ab.

Verwechslungsmöglichkeit: Schnecken besitzen häufig eine Schalenskulpturierung, eine deutliche Naht zwischen den Umgängen und eine größere Mündung. Auch hier gilt der Unterschied im Schalenaufbau zwischen Schnecken und Ringelwürmern (vgl. S. 97, 119).

Was sind Arthropoden?

Zu den Gliederfüßern gehören die Insekten, Krebse, Spinnentiere, Tausendfüßer und Trilobiten. Sie alle besitzen einen segmentierten Körper. Jedes Segment weist im Grundbauplan dieselben Organe und Extremitäten auf, die aber je nach Körperabschnitt verschiedenartig abgewandelt sein können. Alle Gliederfüßer besitzen einen Panzer aus Chitin, der nicht mitwächst und regelmäßig gehäutet werden muss.

Herkunft des Namens

Der Name leitet sich von den gegliederten Extremitäten (Schwimm- und Laufbeine, Mundwerkzeuge, Antennen) her.

Bauplan

Durch Verschmelzung einzelner Segmente kam es zur Bildung von Kopf, Rumpf und Hinterleib, die je nach Gruppe eine unterschiedliche Zahl an Segmenten in sich vereinigen. Gliedertiere besitzen zum Teil hochentwickelte Facettenaugen.

Gliedertiere atmen entweder durch Kiemen oder durch schlauchartige Einfaltungen der Cuticula, die man als Tracheen bezeichnet.

Die Gliedmaßen besitzen im Grundbauplan einen Laufbein- und einen Kiemenast.

Größe

Während einige Milben mikroskopisch klein sind, erreicht die japanische Seespinne 4 m Spannweite. Fossile Tausendfüßer können 2 m lang werden, die größte Libelle der Erdgeschichte misst 80 cm von Flügelspitze zu Flügelspitze.

Bestimmungsmerkmale

Neben der Segmentzahl können Panzerform und -skulpturierung, Anzahl, Art und Form der Extremitäten und sonstige Spezialisierungen zur Bestimmung herangezogen werden.

Lebensraum und Lebensweise

Gliederfüßer kommen in allen Lebensräumen überall auf der Welt vor. Insekten haben den Luftraum erobert, Krebse die Tiefsee.

Alle Gliederfüßer legen Eier. Die schlüpfende Larve entwickelt sich zum Teil über mehrere Zwischenstadien zum erwachsenen Tier.

Besonderheiten

Gliedertiere besitzen eine hohe Regenerationsfähigkeit, können verlorene Beine oder Scheren nachwachsen lassen.

Viele Gliederfüßer besitzen einen ausgeprägten Geschlechtsdimorphismus.

Besonders innerhalb der Spinnentiere und der Insekten gibt es Arten, die ihre Beute durch Gift überwältigen, das durch Bisse oder Stiche übertragen wird.

Systematik

Die Arthropoda gehören zu den Ecdysozoa, den „Häutungstieren". Man unterteilt die Arthropoda in die **Hexapoda** (Insekten und einige andere), **Crustacea** (Krebstiere), **Myriapoda** (Tausendfüßer), **Chelicerata** (Kieferklauenträger mit Spinnen, Skorpionen und Pfeilschwanzkrebsen) und **Trilobita** (Dreilapper).

Artenzahl

Die Arthropoden sind der größte Stamm im Tierreich. Allein von den Insekten kennt man schätzungsweise 1.000.000 rezente Arten. Hinzu kommen 100.000 Spinnentiere, 50.000 Krebstiere und 16.000 Tausenfüßer. Die Zahl fossiler Arten geht ebenfalls in die Zigtausende.

Vorkommen

Die Gliederfüßer erscheinen zu Beginn des Kambriums in großer Artenfülle. Drei Viertel aller heute lebenden Tierarten gehören zu den Gliederfüßern.

rezente Assel *Saduria entomon*, Ostsee bei Gotland

rezente Strandkrabbe (Kurzschwanzkrebs) *Carcinus maenas*, Nordsee

Während die allermeisten Gliederfüßer frei beweglich sind, gibt es einige Krebstiere, die am Untergrund festgeheftet sind. Hierzu gehören die Seepocken (Abb.) und die Entenmuscheln, die beide zu den Rankenfußkrebsen gehören. Rezent, Nordsee

Langschwanzkrebs

Größe: 2–6 cm
Alter: Paläogen (Danium), ca. 50 Millionen Jahre
Herkunft: Norddeutschland, Dänemark
Häufigkeit: ●○○○○

Beschreibung: Panzer von Langschwanzkrebsen sind nur sehr selten zu finden. Sie kommen in gelbgrauen Kalken (Saltholm-Kalk) oder in hellen Feuersteinen vor. Der Kopfbrustpanzer der Krebse besteht aus Chitin und ist daher meist bräunlich gefärbt und fein granuliert. Nur in Ausnahmefällen sind die Segmente des Hinterleibs noch im Zusammenhang erhalten und bauchwärts eingekrümmt.

Verwechslungsmöglichkeit: Durch Farbe und Granulierung sind Krebsreste im Feuerstein kaum zu verwechseln.

Die „Krabben" auf dem Krabbenbrötchen sind in Wirklichkeit übrigens Langschwanzkrebse, echte Krabben wie die Strandkrabbe gehören zu den Kurzschwanzkrebsen (S. 125).

Krabbe (Kurzschwanzkrebs)

Größe: 3–5 cm
Alter: Paläogen (Eozän), ca. 50 Millionen Jahre
Herkunft: Norddeutschland, Dänemark
Häufigkeit: ●○○○○

Beschreibung: Am Strand von Nord- und Ostsee findet man sehr häufig den Rückenpanzer der Strandkrabbe, ein Kurzschwanzkrebs, gelegentlich auch vollständige tote Tiere. Fossile Funde sind bei uns überall extrem selten. Dort, wo tertiäre Tone im Untergrund anstehen oder in der Wasserlinie ausstreichen, kann man mit viel Glück eine versteinerte Krabbe finden. Krebsknollen oder lose Panzer werden aus dem weichen Ton ausgewaschen. Meistens sind die weichen Knollen in der Brandung schon stark abgerollt, bis man sie findet. Aber der Krebs mit seinen beiden Scheren im Bild ist noch deutlich erkennbar.

Verwechslungsmöglichkeit: An fast allen Stränden findet man Konkretionen, also Kalkanreicherungen, die sich in Tonen gebildet haben. Häufig haben diese wie auch manche Krebspanzer Schrumpfungsrisse. Ihre Oberflächenstruktur kann dann an eine Krabbe (oder den Rückenpanzer einer Schildkröte) erinnern. Es sind aber fast immer nur Naturspiele.

Was sind Trilobiten?

Trilobiten sind ausgestorbene, rein marin lebende Gliedertiere, die den Spinnentieren und Pfeilschwanzkrebsen etwas näher stehen als den heutigen Krebsen.

Herkunft des Namens

Der Name Trilobit („Dreilapper") bezieht sich auf die Dreiteilung des Panzers in Kopfschild (Cephalon), Rumpf (Thorax) und Schwanzschild (Pygidium). In der vertikalen Achse kann man die zentrale Axis oder Spindel und die seitlichen Pleurenfelder unterscheiden.

Bauplan

Das Cephalon der Trilobiten wird durch die Gesichtsnaht in das mittlere Cranidium (Glabella, Augendeckel und Festwangen) und die seitlich gelegenen Freiwangen geteilt. Trilobiten besitzen hoch entwickelte Facettenaugen, die aus bis zu 10.000 einzelnen Linsen bestehen können. Es gibt aber auch blinde Formen. Der dorsale Panzer ist am Rand auf die Bauchseite umgeschlagen, man spricht von der Duplikatur. Auf der Bauchseite besitzen die Trilobiten unter jedem Körpersegment, den Pleuren, ein paar Spaltbeine mit einem Kiemen- und einem Laufbeinast. Da Cephalon und Pygidium aus verschmolzenen Segmenten bestehen, findet man unter ihnen eine entsprechende Zahl an Extremitäten. Unter dem Kopfschild liegen ganz vorn ein paar Antennen. Mundwerkzeuge sind nicht bekannt.

Größe

Die Größe von ausgewachsenen Trilobiten schwankt zwischen 5 mm und 75 cm. Die meisten Arten erreichen eine Körperlänge von 3 bis 10 cm.

Bestimmungsmerkmale

Trilobiten besitzen auf dem Panzer ein feines Liniensystem, die Terrassenlinien. Sie dienen sowohl als Grabskulpturen als auch als Strömungsanzeiger in Verbindung mit Sinneshärchen. Das Terrassenlinienmuster ist artspezifisch. Wichtig sind zudem der Verlauf der Gesichtsnaht, die Weite der Duplikatur, die Art der Augen, die Anzahl der Rumpfsegmente, die Größe des Pygidiums, das Vorhandensein von Stacheln an Kopfschild, Pleuren oder Schwanzschild, eine Granulierung des Panzers und vieles mehr.

Lebensraum und Lebensweise

Trilobiten lebten ausschließlich im Meer. Dort haben sie die flachen Meeresbereiche bis vielleicht 300 m Wassertiefe und auch Riffe besiedelt. Einige Formen waren an das Leben im freien Wasser angepasst. Trilobiten konnten sich zum Schutz vor Feinden einrollen. Da ihr Panzer nicht mitwächst, mussten sich die Tiere regelmäßig häuten. Viele Funde sind solche Häutungsreste (Exuvien). Trilobiten ernährten sich ausschließlich von Schwebstoffen, Bodenmulm oder waren Sedimentfresser. Es gibt mangels Mundwerkzeugen keine Räuber unter ihnen.

Trilobit *Asaphus raniceps*, Ordovizium, St. Petersburg (Russland)

Besonderheiten

Trilobiten hinterlassen beim Graben und Laufen typische bilobate („zweilappige") Spuren, die man als *Cruziana* bzw. *Rusophycus* bezeichnet.

Systematik

Man unterscheidet heute elf Ordnungen der Trilobiten: **Agnostida, Redlichiida, Corynexochiida, Ptychopariida, Phacopida, Asaphida, Harpetida, Trinucleida, Proetida, Odontopleurida** und **Lichida**.

Artenzahl

Bisher sind fast 22.000 Arten beschrieben worden, darunter sind jedoch noch viele Synonyme.

Vorkommen

Trilobiten tauchen im unteren Kambrium in einer beachtlichen Organisationshöhe auf. Sie sterben am Ende des Perm wieder aus.

Trilobiten-Laufspur, *Cruziana*, unteres Kambrium, Lugnås, Schweden

Trilobit *Chasmops*

Größe: 0,5–10 cm

Alter: Kambrium bis Silur; die abgebildeten Stücke stammen aus dem Ordovizium, ca. 450 Millionen Jahre

Herkunft: Norwegen, Schweden, Bornholm (Dänemark), Estland

Häufigkeit: ●○○○○

Beschreibung: Vor 500 Millionen Jahren beherrschten die Trilobiten die Meere. Heute findet man ihre Überreste nur noch als in Stein eingeschlossene Fossilien. In der Regel muss man Sand- oder Kalksteine am Strand aufschlagen, um Trilobiten zu entdecken. Lose Funde wie der abgebildete *Chasmops* sind extrem selten. Trilobiten hatten, wie die heutigen Krebse, einen starren Panzer aus Chitin, den sie regelmäßig häuten mussten. Deshalb findet man sehr viel häufiger abgeworfene Schwanz- oder Kopfschilde als komplette Tiere.

Verwechslungsmöglichkeit: Vollständige Tiere sind kaum zu verwechseln. Versteinerte Asseln sind deutlich jünger, aber im Geschiebe noch seltener. Einzelne Panzerteile sind mitunter schwer zu bestimmen.

Trilobit *Asaphus*

Größe: 3–8 cm

Alter: Ordovizium, ca. 460 Millionen Jahre

Herkunft: Schweden

Häufigkeit: ●○○○○

Beschreibung: Zu den häufigsten Trilobiten Skandinaviens gehören Arten aus der Verwandtschaft von *Asaphus*. Der glattschalige Panzer besteht aus einem Kopfschild mit zwei großen Augen, acht Rippen und einem halbkreisförmigen Schwanzschild. Vollständige Tiere sind selten, zumeist findet man einzelne Häutungsreste. Abdrücke oder abgerollte Kalksteine mit zusammenhängenden Panzerteilen sind im Strandgeröll nur ausnahmsweise zu finden.

Verwechslungsmöglichkeit: Strukturlose Schwanzschilde können an Muscheln erinnern. Trilobiten sind gut erkennbar, aber bei mehr als 1.800 bekannten Arten in Baltoskandien bleibt die exakte Bestimmung dem Fachmann vorbehalten.

Was sind Stachelhäuter?

Stachelhäuter oder Echinodermen besitzen ein innenliegendes Skelett, das aus zahlreichen Kalkplättchen aufgebaut ist. Die meisten Gruppen besitzen eine fünfstrahlige Symmetrie.

Herkunft des Namens

Die zahlreichen, in der Haut liegenden Stacheln und Dornen gaben den Tieren ihren Namen.

Bauplan

Stachelhäuter besitzen ein Wassergefäßsystem (Ambulakralsystem). Beginnend mit einer Siebplatte führt ein fünfstrahliges Kanalsystem durch den Körper, das schließlich in kleinen Saugfüßchen endet, die in Doppelreihen angeordnet sind. Durch Änderung des Wasserinnendrucks können die Füßchen bewegt werden. Auf der Oberfläche bilden sich durch die austretenden Ambulakralfüßchen fünf Ambulakralfurchen, über die ursprünglich Nahrungspartikel zum Mund geführt wurden. Mit Hilfe der Ambulakralfüßchen können die Tiere sich fortbewegen.

Größe

Zu den größten heute lebenden Stachelhäutern gehören die Seewalzen, die bis zu 2 m Länge erreichen können.

Bestimmungsmerkmale

Neben dem äußeren Erscheinungsbild sind vor allem die Form und Anordnung der einzelnen Skelettelemente wichtig für die systematische Einordnung.

Lebensraum und Lebensweise

Stachelhäuter leben ausschließlich im Meer, vorwiegend in den flachen Schelfbereichen.

Besonderheiten

Viele Stachelhäuter produzieren Gifte zur Verteidigung und zum Beutefang. Nur in den seltensten Fällen können sie dem Menschen gefährlich werden.

Systematik

Man teilt die Stachelhäuter in die gestielten **Pelmatozoa** mit den Seelilien und in die freilebenden **Eleutherozoa**, zu denen Seeigel, Seewalzen, See- und Schlangensterne gehören.

Die Stachelhäuter besitzen ein Skelett, das aus kleinen Kalkelementen besteht. Jedes Kalkelement stellt einen Einzelkristall dar. Brechen Skelettelemente durch, spiegelt ihre gesamte Bruchfläche das Licht.

Artenzahl

Es gibt 6.300 rezente und mehr als 10.000 fossile Arten von Stachelhäutern.

Vorkommen

Stachelhäuter kennt man seit dem unteren Kambrium. Sie stellen in allen Erdzeitaltern wichtige Leitfossilien.

regulärer Seeigel (o. l.), *Phyllacanthus imperialis*, Philippinen

Seelilie *Metacrinus* (u. l.) aus der japanischen Tiefsee

irregulärer Seeigel (o. r.), *Echinocardium cordatum*, Nordsee

Seestern (u. r.), *Asterias rubens*, Ostsee

Beutelstrahler *Echinosphaerites aurantium*

Größe: 3 bis > 6 cm

Alter: Ordovizium, ca. 460 Millionen Jahre

Herkunft: Schweden (vorwiegend Västergötland, Öland) bis Estland

Häufigkeit: ●●●○○

Beschreibung: Die kugeligen Echinosphaeriten gehören in die Verwandschaft der Seeigel und Seelilien. Sie besitzen bis zu 300 unregelmäßig angeordnete Kalkplättchen, die beim Drehen im Sonnenlicht spiegeln. Mit der Lupe erkennt man auf ihnen ein rautenförmiges Muster. Die Mundöffnung liegt zentral und ist etwas erhöht. Bei guter Erhaltung ist die fünfeckige Afterplatte unweit des Munds erkennbar.

Das massenhafte Vorkommen von *Echinosphaerites* in mittelordovizischen Kalken in Schweden und Estland führte zur Bezeichnung „Echinosphaeritenkalk“ für diese Sedimente.

Mit Kalkspatkristallen gefüllte Cystoideen werden im Volksmund als „Kristalläpfel“ bezeichnet.

Verwechslungsmöglichkeit: Seeigel besitzen ein halbovales Gehäuse aus dickeren Kalkplatten.

Schlangenstern *Ophiomusium*

Größe: Zentralscheibe 1–2 cm Durchmesser
Alter: Danium, ca. 60 Millionen Jahre
Herkunft: Dänemark
Häufigkeit: ●○○○○

Beschreibung: Schlangensterne besitzen eine runde Zentralscheibe und fünf sehr lange, schlanke Arme, die aus vielen winzigen, beweglich miteinander verbundenen, wirbelförmigen Kalkplättchen bestehen. Die zentrale Körperscheibe ist aus etwas größeren Kalkelementen aufgebaut. Auf der Bauchseite treffen die Arme um die Mundöffnung aufeinander. Bei dem unten abgebildeten Fund reichen die Arme nur bis an die Zentralscheibe heran, man blickt also auf die Oberseite.

Der hier gezeigte Fund ist bislang der einzige Fund eines Schlangensterns in einem Feuerstein-Geschiebe. Jeder neue Fund bringt neue Erkenntnisse. Und da man nur findet, was man kennt oder schon einmal gesehen hat, sei dieses seltene Fossil hier vorgestellt.

Verwechslungsmöglichkeit: Durch die deutlich abgesetzten, schlanken Arme gut von Seesternen zu unterscheiden.

Crinoiden-Kalk

Größe: Kalke 3 bis > 20 cm

Alter: Ordovizium bis Silur, ca. 420–460 Millionen Jahre

Herkunft: Schweden (vorwiegend Schonen, Dalarna, Gotland) bis Estland

Häufigkeit: ●●●●○

Beschreibung: Crinoiden oder Seelilien sind trotz ihres blumenartigen Aussehens Tiere, die wie die Seeigel und Seesterne zu den Stachelhäutern gehören. Rezente Seelilien (Haarsterne) leben im Mittelmeer, sonst nur noch in der Tiefsee. Seelilien besitzen einen langen Stiel, mit dem sie am Meeresboden oder einem anderen Hartgrund wie Treibholz oder den leeren Gehäusen von Kopffüßern (Orthoceren, S. 96 f.) festgewachsen sind. Ihr Kelch verzweigt sich in fünf Arme, die sich mehrfach teilen können. Seelilien haben im oberen Ordovizium und im Silur in großer Zahl den Meeresboden besiedelt. Nach ihrem Tod zerfiel ihr Skelett in viele einzelne Kalkplättchen, die gesteinsbildend sein können. Crinoiden-Kalke können rot oder grau sein.

Verwechslungsmöglichkeit: Orthoceren haben ein gekammertes Gehäuse. Crinoiden spiegeln im Querbruch.

Seelilienstielglieder

Größe: Durchmesser 0,3–1,5 cm
Alter: Ordovizium bis Silur, ca. 420–460 Millionen Jahre
Herkunft: Schweden (vorwiegend Schonen, Dalarna, Gotland) bis Estland
Häufigkeit: ●●●●○

Beschreibung: Stiele der Seelilien bestehen aus vielen einzelnen Gliedern, die man lose oder als zusammenhängende Stängelfragmente im Strandkies finden kann. Als Faustregel gilt, dass graugrüne oder rötliche Stielglieder aus dem Ordovizium bis Silur stammen. Auch Stängel mit einem Durchmesser von 1 cm und mehr, mit einem sternförmigen oder sehr großen Zentralkanal gehören ins Erdaltertum. Die meisten Stiele dieser Zeit haben einen runden Querschnitt. Steinkerne des Zentralkanals sehen aus wie eine Gewindestange (im Bild rechts), die scharfkantigen Ringe kennzeichnen die Grenzen der einzelnen Stielglieder. Auch Längsschnitte von Seelilienstielen sind daran zu erkennen.

Verwechslungsmöglichkeit: Seelilienstielglieder spiegeln im Querbruch und sind radialstrahlig aufgebaut. Orthoceren bzw. Endoceren (S. 100) sind gekammert, verjüngen sich nach hinten. Ihr Sipho ist häufig randständig oder im Verhältnis kleiner.

Seelilienstängel

Größe: Länge 0,5–3 cm

Alter: Späte Kreide bis Paläogen (Danium), ca. 60–70 Millionen Jahre

Herkunft: Norddeutschland, Dänemark

Häufigkeit:

Beschreibung: Weiße bis elfenbeinfarbene Seelilienstiele stammen in der Regel aus der oberen Kreidezeit oder dem untersten Tertiär und sind damit deutlich jünger als die grauen oder roten Stiele des Erdaltertums (S. 135). Zusammenhängende Stängelglieder sind fast nie gekrümmt oder gebogen. Bei blumen- oder sternförmigen Stielgliedern hat der Stiel Längsfurchen, sonst ist er drehrund.

Verwechslungsmöglichkeit: Seeigelstachel (S. 154) bestehen aus einem einzigen Kristall, zeigen also keine Segmentierung. Vielmehr besitzen sie Längsstreifen oder -kiele, die aus mehr oder weniger spitzen Dornen zusammengesetzt sind. Seeigelstachel besitzen keine fünfstrahlige Symmetrie.

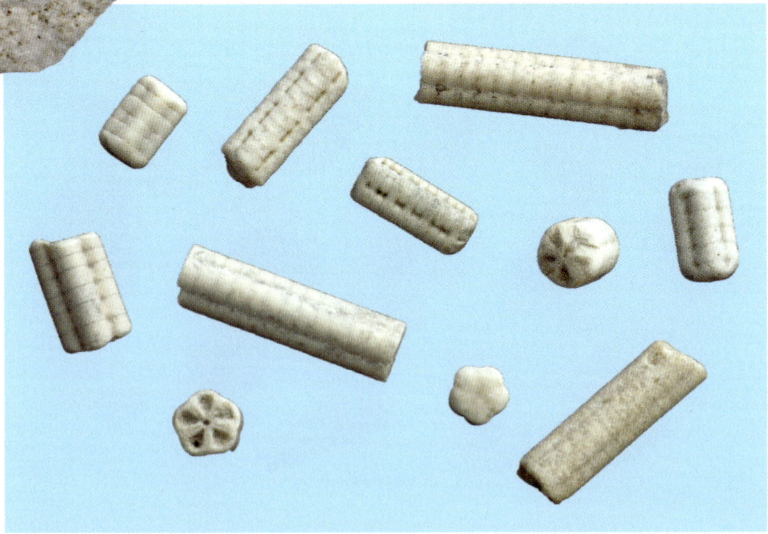

Seelilienstielglieder

Größe: Durchmesser 0,3–0,6 cm
Alter: Späte Kreide bis Paläogen (Danium), ca. 60–70 Millionen Jahre
Herkunft: Norddeutschland, Dänemark
Häufigkeit: ●●●●●

Beschreibung: Es gibt runde, fünfeckige, blumen- oder sternförmige Stielglieder, allen gemeinsam ist ein zentraler Kanal. Ihr Umriss, die eingesenkten Felder und das Muster aus kleinen Linien sind artspezifisch. Der Fachmann kann hier eine genaue Bestimmung vornehmen. Da es aber viele ähnliche Arten gibt und abgerollte Stielglieder Bestimmungsmerkmale vermissen lassen, soll hier auf eine weitere Charakterisierung verzichtet werden.

Wie bei den Seeigeln gibt es auch bei den Seelilienstielgliedern von der fünfstrahligen Symmetrie abweichende Exemplare. Man sollte beim Sammeln auf diese kleinen Seltenheiten (Bild rechts) achten.

Verwechslungsmöglichkeit: Stielglieder aus dem Erdaltertum sind meist rund und besitzen einen größeren Zentralkanal. Seesterne sind größer, bestehen ihrerseits aus zahlreichen einzelnen Platten.

Seelilienkelch *Bourgeticrinus*

Größe: 1–1,5 cm
Alter: Späte Kreide, ca. 70 Millionen Jahre
Herkunft: Norddeutschland, Dänemark
Häufigkeit: ●●●○○

Beschreibung: Die kleinen Kelche sind konisch geformt. Meist sind sie abgerollt und entsprechend beschädigt. Gut erhaltene Exemplare zeigen vorn eine kleine, trichterförmige Einsenkung, die die fünfstrahlige Symmetrie erkennen lässt. Die Oberfläche ist völlig glatt, Plattengrenzen sind in der Regel nicht zu sehen.

Verwechslungsmöglichkeit: Keulenförmige Seeigelstachel (S. 155 f.) besitzen einen abgesetzten Schaft, zeigen ein Punkt- oder Linienmuster auf der Keule. Zumeist ist die Keule soweit erhalten, dass sie vorn deutlich abgerundet ist. Seeigelstachel sind nicht fünfstrahlig gebaut. Seelilienstängel sind sichtbar gegliedert, zudem parallelseitig.

Stielglieder von *Bourgeticrinus*

Größe: 0,5–0,8 cm
Alter: Späte Kreide, ca. 70 Millionen Jahre
Herkunft: Norddeutschland, Dänemark
Häufigkeit: ●●●●○

Beschreibung: Die knöchelartigen Stielglieder von *Bourgeticrinus* haben eine sehr charakteristische Gestalt. Sie sind fast so hoch wie breit und scheinen oben und unten gegeneinander seitlich zusammengedrückt. Sie sind in der Seitenansicht manchmal annähernd uhrglasförmig, in der Aufsicht quadratisch. Die Gelenkflächen sind elliptisch und besitzen einen medianen Grat.

Verwechslungsmöglichkeit: Aufgrund ihrer einzigartigen Form kaum zu verwechseln. Seesternrandplatten (S. 140) sind bilateral-symmetrisch, nur an einer Seite gebogen. Ihre Oberfläche ist im Zentrum fein punktiert.

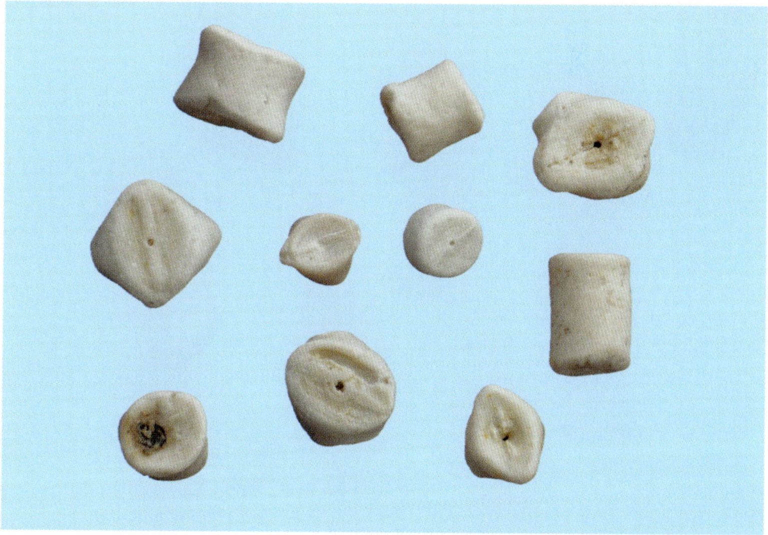

Seesternrandplatten

Größe: 0,5–1,5 cm
Alter: Späte Kreide bis Paläogen, ca. 60–70 Millionen Jahre
Herkunft: Norddeutschland, Dänemark
Häufigkeit: ●●●○○

Beschreibung: Das Skelett der Seesterne besteht, genau wie das der Seeigel, aus vielen einzelnen, kleinen Kalkplatten. Meist werden sie erst sichtbar, wenn das feine Stachelkleid auf der Oberfläche abgerieben ist. Am Rand stehen große Randplatten (Marginalia), deren Außenseite deutlich gewölbt ist und manchmal sogar einen Viertelkreis formt. Im Zentrum dieser Platten befindet sich ein feines Punktmuster. Diese Platten umsäumen die Arme des Seesterns in einer oberen und einer unteren Reihe. Fachleute können ihre Position genau bestimmen. Zwischen den Marginalia liegen viele kleine Platten und andere Skelettelemente.

Verwechslungsmöglichkeit: Seeigel-Platten sind wesentlich dünner, Seelilien-Stielglieder radialstrahlig.

Seestern-Abdruck

Größe: 1 bis > 10 cm
Alter: Späte Kreide bis Paläogen, ca. 60–70 Millionen Jahre
Herkunft: Norddeutschland, Dänemark
Häufigkeit: ●○○○○

Beschreibung: Vollständige Seesterne gehören zu den absoluten Raritäten, die man am Strand finden kann. Selbst in der anstehenden Kreide sind zusammenhängende Armplatten schon ein Ausnahmefund. Trotzdem, nichts ist unmöglich, wie der abgebildete Fund zeigt. Die Kalkplatten haben sich aufgelöst, zurückgeblieben ist der Abdruck des Seesterns im Feuerstein. Neben den fünfeckigen Kissensternen (*Metopaster*) gibt es auch Arten mit deutlich abgesetzten Armen wie *Recurvaster* (Bild).

Verwechslungsmöglichkeit: Es gibt Schwämme mit fingerförmigen Fortsätzen wie *Aphrocallistes*. Manchmal sind genau fünf solcher „Arme" vorhanden (S. 30), die dann einen Seestern vortäuschen können. Ein Schwamm hat immer ein poröses Gewebe, das Skelett eines Seesterns besteht hingegen aus Kalkplatten. Manchmal können auch zerbrochene Seeigel-Gehäuse mit dem Arm eines Seesterns verwechselt werden. Seeigel besitzen Ambulakralfelder (S. 147) mit doppelten Punktreihen, die dem Seestern fehlen.

Seeigel *Echinocorys obliquus*

Größe: 2,5–4,5 cm

Alter: Späte Kreide bis Paläogen (Danium), ca. 60–70 Millionen Jahre

Herkunft: Norddeutschland, Dänemark

Häufigkeit: ●●●●●

Beschreibung: Seeigel der Gattung *Echinocorys* gehören zu den häufigsten Fossilfunden am Strand, eingebettet in Feuerstein oder lose im Kies. Der kleine *Echinocorys obliquus* kann an einigen Stränden des Limfjordes in Dänemark zu Hunderten aufgesammelt werden. Die Qualität ist dabei sehr unterschiedlich. Exemplare mit erhaltener Kalkschale, wo jede Platte erkennbar ist, liegen neben völlig ausgewaschenen Feuersteinkernen, deren Ambulakralfelder (S. 130, 147) tief eingeschnitten sind. Andere sind soweit abgerollt, dass man den ursprünglichen Seeigel nur erahnen kann. Kennzeichnend für *Echinocorys* ist die ovale Form, das zugespitzte Ende ist dabei hinten. Auf der Bauchseite sieht man die Mundöffnung, die deutlich an den Vorderrand verlagert ist. Hier treffen sich auch die Ambulakralfelder (Punktreihen). Der After liegt am Hinterrand. Große Exemplare von *Echinocorys* erreichen 8–10 cm Länge.

Verwechslungsmöglichkeit: Bei dem ähnlichen *Galerites* (S. 143) befindet sich die Mundöffnung auf der Bauchseite fast genau in der Mitte des Gehäuses.

Seeigel *Galerites vulgaris*

Größe: 1,5–3 cm

Alter: Späte Kreide, ca. 70 Millionen Jahre

Herkunft: Norddeutschland, Dänemark

Häufigkeit: ●●●●○

Beschreibung: Seeigel der Gattung *Galerites* gehören zu den schönsten Funden, die man am Ostseestrand machen kann. Sie sind fast rund. Die Kalkschale des Seeigels ist in der Regel abgerollt, nur der dunkle Flintkern hat der Brandung widerstanden. Es gibt dabei sehr unterschiedliche Erhaltungszustände. Man kennt mehrere Arten, die anhand ihrer Kalkplatten und Porenöffnungen unterschieden werden. Diese feinen Merkmale sind aber nicht erhalten und so bleibt die Art zumeist unbestimmbar. Die ähnliche aber seltenere Gattung *Conulus*, die ebenfalls in Dänemark vorkommt, ist allein vom Steinkern her nicht zu unterscheiden. Es bleibt also immer eine gewisse Unsicherheit. Sehr selten gibt es von der fünfstrahligen Symmetrie abweichende Exemplare, die vier (Bild rechts) oder sogar sechs Strahlen haben.

Verwechslungsmöglichkeit: Von dem ebenfalls häufigen *Echinocorys* (S. 142) am leichtesten an der Bauchseite zu unterscheiden. Bei *Echinocorys* sind Mund und After randständig, bei *Galerites* liegt der Mund zentral.

Herzigel *Micraster*

Größe: 3–5 cm
Alter: Späte Kreide bis Paläogen (Danium), ca. 60–70 Millionen Jahre
Herkunft: Norddeutschland, Dänemark
Häufigkeit: ●●○○○

Beschreibung: Herzseeigel fallen in der Menge anderer Seeigel auf. Sie sind in Sammlerkreisen aufgrund ihrer Seltenheit und der ansprechenden Form sehr begehrt. Die Gattung *Micraster* kommt nur in der Kreide vor. Die Gehäuse sind deutlich gewölbt, der After liegt hoch am Hinterende. Die Ambulakralfelder (vgl. S. 126, 141) sind eingesenkt, verjüngen sich nach außen wieder. Der ähnliche *Cardiaster* ist etwas flacher gebaut, reicht bis ins unterste Tertiär. Die Ambulakralfelder sind nicht eingesenkt, verbreitern sich leicht nach außen. Viele Unterscheidungsmerkmale wie eine Fasciole (eine körperumspannende Linie kurz oberhalb des größten Gehäusedurchmessers), seine Dünnschaligkeit oder die weniger dichte Granulierung sind bei den abgerollten Feuersteinkernen leider nicht mehr sichtbar.

Verwechslungsmöglichkeit: Aufgrund der herzförmigen Einbuchtung am Vorderende sind Herzigel kaum mit anderen Seeigeln zu verwechseln.

Seeigel *Cyclaster*

Größe: 2–3,5 cm

Alter: Späte Kreide bis Paläogen (Danium), ca. 60–70 Millionen Jahre

Herkunft: Norddeutschland, Dänemark

Häufigkeit: ●●●○○

Beschreibung: Dieser kleine Seeigel ist deutlich seltener als der ähnliche *Echinocorys*. Die etwas schmalere Hinterseite fällt steil ab, hier befindet sich auch die große, runde Afteröffnung (vgl. Exemplar im Bild oben, rechte Seite). Vom Scheitelpunkt bis zum After verläuft ein schwacher Kiel. Die häufigsten Arten sind *Cyclaster danicus, C. suecicus* und *C. bruennichi*. Die beiden ersten Arten wurden früher in die Gattung *Brissopneustes* gestellt.

Verwechslungsmöglichkeit: Bei *Echinocorys* (S. 142) befindet sich die Afteröffnung auf der Unterseite, bei *Cyclaster* an der Hinterseite, zudem ist das Hinterende bei *Echinocorys* mehr oder weniger zugespitzt.

Seeigel *Linthia*

Größe: 2,5–4 cm
Alter: Paläogen (Danium), ca. 60–65 Millionen Jahre
Herkunft: Dänemark
Häufigkeit: ●●○○○

Beschreibung: *Linthia* gehört zu den Herzigeln. Das relativ flache Gehäuse trägt oberseits tief eingesenkte, blattförmige Ambulakralfelder (= Petalodien; vgl. S. 126, 141). Das längste Feld zieht nach vorn, hier ist das Gehäuse herzförmig eingeschnitten. Die beiden hinteren Petalodien sind kurz. Der Hinterrand ist mehr oder weniger stumpf und fällt manchmal steil ab. Hier sitzt der After. Manchmal ist auch der Hinterrand eingebuchtet. Unter dem Namen „*Linthia danica*" werden verschiedene Arten vereinigt, die einer neueren Bearbeitung bedürfen.

Verwechslungsmöglichkeit: Die ähnlichen Herzigel *Micraster* und *Cardiaster* (S. 138) besitzen ein deutlicher herzförmiges Gehäuse, die Ambulakralfelder sind länger. *Brissopneustes* (S. 139) ist schlanker, aber massiger. Durch die kurzen hinteren Petalodien gut von ähnlichen Arten zu unterscheiden.

Bruchstücke von Seeigel-Gehäusen

Größe: 0,5–3,5 cm
Alter: Späte Kreide bis Paläogen (Danium), ca. 60–70 Millionen Jahre
Herkunft: Norddeutschland, Dänemark
Häufigkeit: ●●●●●

Beschreibung: Seeigel besitzen ein Gehäuse, das aus vielen einzelnen Kalkplatten aufgebaut ist. Dieser Kalkpanzer ist ein Innenskelett, das von einem Gewebe überwachsen ist, kein Außenskelett wie bei den Muscheln oder Schnecken. Alle Stachelhäuter besitzen ein Wassergefäß- oder Ambulakralsystem. Von einem Ringkanal um die Mundöffnung zweigen fünf Radiärkanäle ab. Flüssigkeitsgefüllte Kanälchen führen zu kleinen Füßchen, die hydraulisch bewegt werden können. Die Austrittsöffnungen für die Saugfüßchen sieht man als doppelte Punktreihen über das Gehäuse laufen. Man spricht von Ambulakralfeldern, die aus jeweils einer Doppelreihe von Ambulakralplatten bestehen. Jede Platte besitzt dabei zwei Öffnungen. Zwischen den Ambulakralfeldern liegen die (ungelochten) Interambulakralfelder.

Verwechslungsmöglichkeit: Muschelschalen zeigen niemals doppelte Punktreihen, die somit ein sicheres Kennzeichen für Seeigel sind. Seeigelplatten spiegeln im Querbruch.

Fossile Wasserwaage, *Echinocorys*

Größe: 2,5–6 cm
Alter: Späte Kreide bis Paläogen (Danium), ca. 60–70 Millionen Jahre
Herkunft: Norddeutschland, Dänemark
Häufigkeit: ●●●○○

Beschreibung: Manchmal werden leere Seeigel-Gehäuse nach dem Tod der Tiere und der Einlagerung in den Meeresgrund nicht vollständig mit Sediment ausgefüllt. Es verbleibt ein Hohlraum, quasi eine Luftblase, im oberen Teil des Gehäuses. Manchmal füllt sich dieser Raum in einer späteren Phase mit durchscheinendem, hellblauem bis honiggelbem Chalcedon. Durch natürliche Verwitterung (oder unter Zuhilfenahme von Salzsäure) löst sich das ursprünglich kalkige Seeigel-Gehäuse auf. Es kommt dann eine sogenannte „fossile Wasserwaage" zum Vorschein, die die Lage des Fossils bei der Einbettung in das Sediment wiedergibt.

Verwechslungsmöglichkeit: Grundsätzlich können sich in allen geschlossenen Schalen fossile Wasserwaagen bilden. Wir finden sie häufiger auch in Brachiopoden, die sich aber durch ihr zweiklappiges Gehäuse leicht von den Seeigeln unterscheiden lassen.

Olearius-Stein, Waben-Igel

Größe: 3–6 cm
Alter: Späte Kreide bis Paläogen (Danium), ca. 60–70 Millionen Jahre
Herkunft: Norddeutschland, Dänemark
Häufigkeit: ●○○○○

Beschreibung: Nach dem Tod des Seeigels füllt sich das Gehäuse, zumeist der Gattung *Echinocorys*, mit Schlamm, aber nicht immer ganz vollständig. Es verbleibt eine Luftblase im oberen Teil. Manchmal wachsen Kalkkristalle von jeder einzelnen Platte des Seeigel-Gehäuses in den verbliebenen Hohlraum (Bild unten). Erst später wird dann, wie bei den fossilien Wasserwaagen, Chalcedon eingelagert. Irgendwann lösen sich Kalkschale und Kalkkristalle auf. Zurück bleibt eine wabenartige, durchscheinende Kuppe, die die ehemaligen Kristalle abgeformt hat. Diese wunderbaren Naturspiele hat Adam Olearius im Jahr 1666 in seiner „Gottorfischen Kunst-Kammer" erstmals beschrieben. Ihm zu Ehren nennt man derartige Funde „Olearius-Stein".

Verwechslungsmöglichkeit: In guter Erhaltung nahezu unverwechselbar.

Kronenigel *Phymosoma*

Größe: 1–5 cm
Alter: Alter: Späte Kreide, ca. 70 Millionen Jahre
Herkunft: Norddeutschland, Dänemark
Häufigkeit: ●●○○○

Beschreibung: Neben den irregulären Seeigeln (*Galerites, Echinocorys*) gibt es auch reguläre Seeigel. Sie graben im Gegensatz zu ihren Verwandten nicht im Sediment, sondern sitzen meist auf Steinen oder der Sedimentoberfläche und weiden mit ihrem Kauapparat Algen ab. Die Mundöffnung befindet sich auf der Bauchseite, der After auf der Oberseite des Gehäuses. Bei den regulären Seeigeln findet man deshalb auf jeder Gehäuseseite nur eine Öffnung, die aber im Verhältnis deutlich größer ist als bei den irregulären Formen. Reguläre Seeigel tragen ein Kleid aus langen Stacheln. Bei *Phymosoma* kann ihre Länge den zwei- bis dreifachen Gehäusedurchmesser erreichen. Während irreguläre Seeigel eine bilaterale Symmetrie zeigen, sind reguläre Formen streng radialsymmetrisch.

Verwechslungsmöglichkeit: Die ebenfalls regulären Cidariden (*Stereocidaris, Tylocidaris* u.a.) besitzen wenige, große Kalkplatten mit sehr kräftigen Stachelwarzen (S. 145). Steinkerne sind von eng verwandten Gattungen wie *Gauthiosoma* nicht zu unterscheiden.

Turbanigel *Stereocidaris*

Größe: 3–6 cm
Alter: Alter: Späte Kreide, ca. 70 Millionen Jahre
Herkunft: Norddeutschland, Dänemark
Häufigkeit: ●●●○○

Beschreibung: Das Gehäuse der Turbanigel aus der Verwandtschaft von *Cidaris* besteht aus wenigen, sehr großen Platten. Die Ambulakralfelder sind schmal. Das Gehäuse ist sehr empfindlich. Selbst wenige zusammenhängende Platten gelten schon als Besonderheit. Sehr selten findet man eine halbe oder gar ganze Corona in Feuersteinerhaltung am Strand. Abdrücke von Platten im Flint sind schon etwas häufiger zu entdecken.

Verwechslungsmöglichkeit: Die Einzelplatten haben einen fünfeckigen Umriß. Auch wenn sie manchmal an eine Eule erinnern (im Bild links unten), stacheltragende Seeigelplatten sind unverwechselbar.

Turbanigel *Stereocidaris*

Größe: 0,5–1,5 cm
Alter: Späte Kreide, ca. 70 Millionen Jahre
Herkunft: Norddeutschland, Dänemark
Häufigkeit: ●●●●○

Beschreibung: Die Gehäuse des Turbanigels sind leicht zerbrechlich, und so verwundert es nicht, wenn man große Seeigelplatten relativ häufig im Strandkies findet. Auffällig ist die große, kugelige Stachelwarze, die dem aufsitzenden Stachel als Gelenkfläche dient. Sie wird von dem glatten kreisrunden Hof (Areole) umgeben. Hier haben die Muskeln gesessen, die der Bewegung des Stachels dienten. Der Hof wird von einem Körnelring umgeben, das sind kreisförmig angeordnete Ringwarzen. Auf der übrigen Platte finden sich viele kleine Sekundärwarzen. Bei einigen Stachelplatten sieht man noch die benachbarten, doppelt gelochten Ambulakralplatten.

Verwechslungsmöglichkeit: Seeigelplatten mit Stachelwarzen sind unverwechselbar.

Seeigelstachel mit Basis

Größe: 0,5–2 cm
Alter: Späte Kreide bis Paläogen (Danium), ca. 60–70 Millionen Jahre
Herkunft: Norddeutschland, Dänemark
Häufigkeit: ●●●●○

Beschreibung: Der Stachel sitzt mit der Basis auf der Stachelwarze der Platten (vgl. S. 145 f.). Muskeln ziehen vom Warzenhof zu den unteren konischen Seiten der Stachelbasis. Bei gut erhaltenen Funden sieht man auf der Unterseite der Stacheln eine halbkugelige Vertiefung, die Gelenkfläche (Bild rechts). Daran kann man erkennen, dass die langen und kräftigen, teils sogar keulenförmigen Stacheln recht beweglich waren. Der Stachelbasis folgt ein glatter Kragen und der mit Längsreihen kleiner Dornen oder Körnchen besetzte Schaft.

Verwechslungsmöglichkeit: Durch ihre typische Flaschenhalsform sind Seeigelstachelbasen kaum zu verwechseln. Wenn der Kragen deutlich schmaler ist als die Basis (im Bild unten Mitte), könnte es sich um *Stereocidaris*-Stacheln handeln, bei *Phymosoma*-Stacheln (Bild oben Mitte) ist der Kragen nur wenig verjüngt, die Basis ringartig abgesetzt. Aber meist ist dies nicht sicher zu entscheiden.

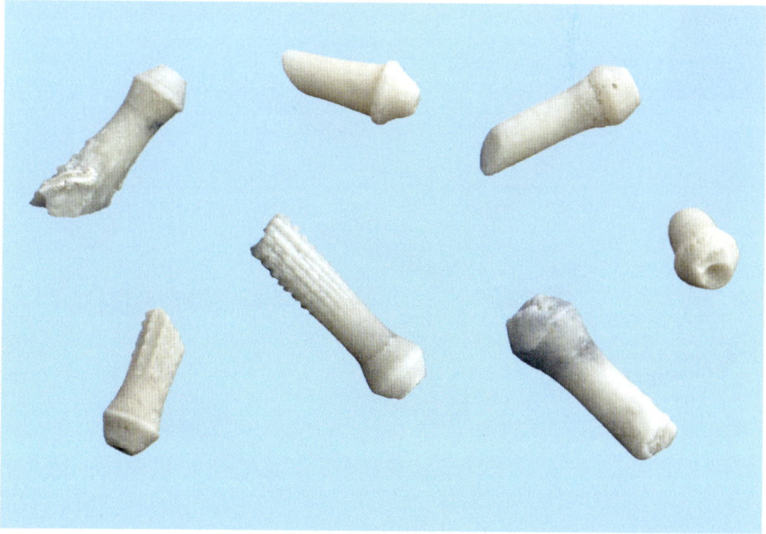

Seeigelstachel

Größe: 0,5–2 cm, im Feuerstein bis > 7 cm
Alter: Späte Kreide bis Paläogen (Danium), ca. 60–70 Millionen Jahre
Herkunft: Norddeutschland, Dänemark
Häufigkeit: ●●●●●

Beschreibung: Seeigelstachel zerbrechen leicht. Urlauber, die sich im Mittelmeer schon einmal einen Stachel in den Fuß getreten haben, wissen das. Bruchstücke finden sich im Strandkies recht häufig. Dabei gibt es Stacheln, die sich nach vorn blatt- oder trompetenartig erweitern. Einige sind mit Reihen kräftiger Dornen besetzt, andere sind granuliert oder fast völlig glatt. Es ist sehr schwer, von den Fragmenten auf die zugehörige Seeigel-Art zu schließen. *Phymosoma*-Stacheln sind lang, dünn, leicht gebogen, seitlich etwas zusammengedrückt und kaum bedornt. *Stereocidaris*-Arten zeigen eine kräftige Oberflächenstruktur.

Verwechslungsmöglichkeit: Seeigelstacheln bestehen aus einem einzigen Kalkkristall, ihre Bruchflächen spiegeln deshalb. Achsenstäbe von Seefedern (S. 51) sind ganz fein berippt, tragen keine Körnchen. Kalksklerite von Hornkorallen (S. 52 f.) sind meist etwas gebogen, besitzen ein Muster aus welligen Linien auf der Oberfläche und eingesenkte Kelchgruben.

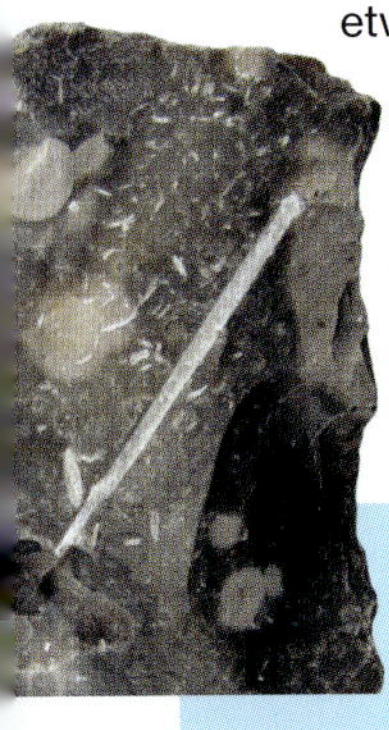

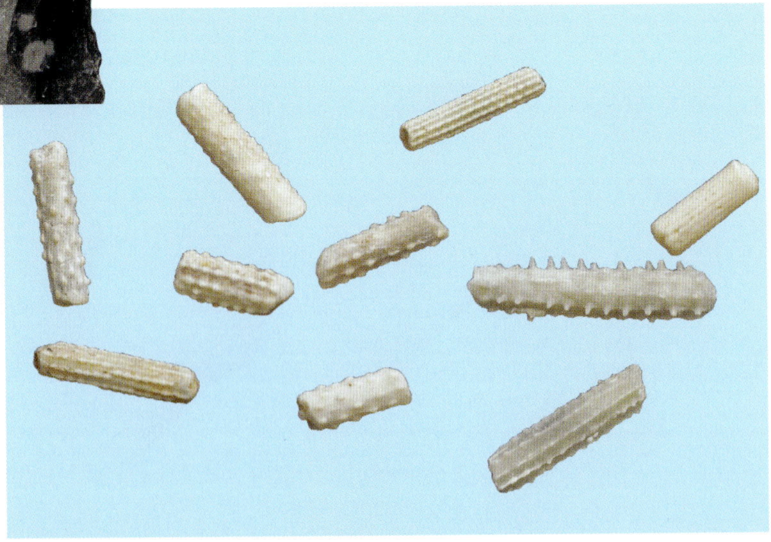

Seeigelstachel *Tylocidaris*

Größe: 0,7–2 cm
Alter: Paläogen (Danium), ca. 60 Millionen Jahre
Herkunft: Norddeutschland, Dänemark
Häufigkeit: ●●●●○

Beschreibung: Seeigel der Gattung *Tylocidaris* besitzen keulenförmige Stacheln, die sehr charakteristisch sind. Einige Arten stellen gute Leitfossilien, da sie in eng begrenzten Zeitabschnitten vorkommen. Mit ihrer Hilfe kann man Sedimente stratigraphisch genau einordnen. Die Stacheln von *Tylocidaris oedumi* (Bild oben Mitte) sind schlank keulenförmig. Sie stammen aus dem unteren Unterdanium. *T. abilgaardi* (oben rechts), aus dem oberen Unterdanium, besitzt kleine kugelige Keulen auf einem schlanken Stiel. *T. bruennichi* (rechts Mitte und unten; Mitteldanium) hat eiförmige Stacheln, deren Spitze ein wenig an einen Kreuzschlitzschraubendreher erinnern. Die Stacheln von *T. vexilifera* (unten links) sind im Idealfall vorn flügelartig verbreitert. Sie gehören ins obere Danium.

Verwechslungsmöglichkeit: Abgerollte Keulen ohne Stachelfortsatz können mit Kugelschwämmen (S. 24) verwechselt werden. Sie haben jedoch keine schwammartige Struktur, sind vielmehr massiv gebaut, spiegeln im Querbruch und haben feine Längsrippen auf der Außenseite.

Seeigelstachel *Tylocidaris baltica*

Größe: 2–3 cm
Alter: Späte Kreide, ca. 70 Millionen Jahre
Herkunft: Norddeutschland, Dänemark, Südschweden
Häufigkeit: ●●●○○

Beschreibung: Die großen, massigen, elfenbeinfarbenen Keulenstacheln fallen im Strandkies sofort auf, sie sind jedoch nicht überall zu finden. Der Seeigel trägt sie in mehreren Reihen auf seinem Gehäuse, auf den oberen Stachelwarzen sitzen jedoch etwas schlankere Stacheln. Vollständige Gehäuse mit Stachelbesatz sind wahrlich imposant.
Seeigelstacheln sind, wie auch jede Gehäuseplatte, aus einem einzigen Kalkkristall aufgebaut. Brechen sie, so spiegelt die gesamte Bruchfläche („Einkristall"). Aufgrund dieses Spiegeleffektes kann man auch in aufgeschlagenen Steinen kleine, quergebrochene Panzerteile den Seeigeln (bzw. den Stachelhäutern im Allgemeinen) zuordnen.

Verwechslungsmöglichkeit: Bei einer Länge von 2–3 cm und einem feinen Streifenmuster auf den Seiten unverwechselbar.

Bohrspur *Trypanites mobilis*

Größe: 0,7 – 2 cm
Alter: Späte Kreide bis Paläogen (Danium), ca. 60 – 70 Millionen Jahre
Herkunft: Norddeutschland, Dänemark
Häufigkeit: ●●●○○

Beschreibung: Nicht nur die kleinen Kugelschwämme zeigen Bohrlöcher (vgl. S. 25), man findet diese manchmal auch in Keulenstacheln von Seeigeln. Der Erzeuger wird den Spritzwürmern (Sipunculidae) zugeordnet, die in den abgeworfenen Stacheln Schutz suchen, vergleichbar mit dem Einsiedlerkrebs in leeren Schneckengehäusen. Sie wurden als *Trypanites mobilis* beschrieben. Scheinbar werden neben den Kugelschwämmen nur Stacheln von zwei nordischen Seeigel-Arten bevorzugt, *Tylocidaris baltica* und *T. vexiliferum* (vgl. NEUMANN et al. 2008).

Verwechslungsmöglichkeit: Die Bohrlöcher sind unverkennbar. Keulenförmige Seeigelstacheln zeigen feine Längsstreifen auf den Seiten. Die Stacheln sind massiv, nicht porös wie bei einem Schwamm (S. 25). Bruchflächen spiegeln.

Was sind Graptolithen?

Graptolithen sind meeresbewohnende koloniebildende Tiere mit einem chitinartigen Außenskelett. Sie stehen den **Hemichordaten** nahe und werden damit in der traditionellen Systematik an die Basis der **Chordatiere** gestellt.

Herkunft des Namens

Graptolith bedeutet übersetzt „Schriftstein". Die hellen Zweige der Tiere in dunklen Sedimenten erinnern an runenähnliche Schriftzeichen auf Schiefertafeln.

Bauplan

Die Graptolithenkolonie bezeichnet man als Rhabdosom. Es entsteht aus einer Anfangskammer, der Sicula. Die fadenförmige Verlängerung am Apex der Sicula heißt Nema, an der Mündung Virgella. Entlang der ventralen Verlängerung dieses Achsenfadens (Virgula) bilden sich durch Knospung die Wohnkammern (Theken) der polypenartigen Graptolithentiere. Durch einfache oder doppelte Knospung können ein- oder zweiästige sowie verzweigte Rhabdosome entstehen.

Größe

Die meisten Rhabdosome erreichen kaum 10 cm Länge, es gibt aber auch Arten, deren Äste 30 cm lang werden können.

Bestimmungsmerkmale

Bei der Bestimmung sind die Form der Rhabdosome, die Anordnung der Theken sowie deren Mündungsformen wichtige Merkmale.

Lebensraum und Lebensweise

Die ursprünglichen Graptolithen bildeten baum- oder fächerartige Kolonien, die am Meeresgrund festgeheftet waren. Später entwickeln sich planktisch lebende Arten, deren Rhabdosome an einen Schwimmkörper angeheftet sind.

Systematik

Man unterscheidet heute sechs Ordnungen der Graptolithina: **Dendroidea, Tuboidea, Camaroidea, Stolonoidea, Crustoidea** und **Graptoloidea**.

Artenzahl

In der Literatur sind etwa 1.800 Arten aus 240 Gattungen beschrieben.

Vorkommen

Graptolithen kommen vom oberen Kambrium bis zum Unteren Devon vor. Besonders im Silur stellen sie wichtige Leitfossilien.

Graptolith *Monograptus*

Größe: 1 bis > 10 cm
Alter: Ordovizium bis Silur, 450–400 Millionen Jahre
Herkunft: Norwegen, Bornholm (Dänemark), Schweden
Häufigkeit: ●●●○○

Beschreibung: Graptolithenkolonien treiben im freien Wasser und werden über weite Strecken verdriftet. Abgestorbene Äste sinken auf den Meeresgrund tiefer Meere. Dort lagert sich feiner Schlamm ab, der schließlich zu Tonstein wird. Man spricht allgemein von „Schiefer“. In diesen tiefschwarzen oder hellgrauen, dünnplattigen und fein geschichteten Tiefseesedimenten kann man laubsägeblatt-artige Graptolithen finden. In jeder Zacke des Astes (Bild rechts) saß zu Lebzeiten ein kleiner Polyp und filterte Wasser. In schwarzen „Schiefern“ sind die Graptolithen völlig flachgedrückt und silbrig glänzend. In grauen, glimmerreichen Schlammsteinen und grauen Kalken können die schwarzen Graptolithenäste körperlich erhalten sein. Sie sind meistens von der Strömung eingeregelt. Manchmal sind die Sedimente abgeschliffen und die Graptolithen von außen sichtbar.

Verwechslungsmöglichkeit: Kohlige Pflanzenreste und Holzstücke sind meist kürzer und breiter.

Was sind Wirbeltiere?

Wirbeltiere (Vertebrata) sind durch den Besitz einer Wirbelsäule bzw. einer Chorda dorsalis („Urwirbelsäule") gekennzeichnet. Sie werden traditionell den Wirbellosen gegenübergestellt. Wirbeltiere gehören zusammen mit den Schädellosen (**Acrania**) wie dem Lanzettfischchen und den Manteltieren (**Tunicata**) zu den **Chordatieren**.

Bauplan

Alle Wirbeltiere besitzen ein Skelett, das aus vielen einzelnen Knochen besteht. Nach dem Tod des Tieres verwesen die Gewebe wie Muskeln und Sehnen, die Knochen verlieren ihren Zusammenhalt und werden häufig disartikuliert. Vollständige Wirbeltierskelette sind daher selten und bei Sammlern hoch begehrt.

Größe

Es gibt Fische und Frösche, die kaum 1 cm Körperlänge erreichen. Der Blauwal ist mit 30 m Länge und einem Gewicht von 200 t das größte Tier, das jemals unseren Planeten besiedelt hat.

Besonderheiten

Grönlandhaie können mehrere hundert Jahre alt werden, Schildkröten erreichen ein Höchstalter von 200 Jahren.

Systematik

Man unterteilt die Wirbeltiere in kieferlose Wirbeltiere, Fische, Amphibien, Reptilien, Vögel und Säugetiere.

Zu den kieferlosen Wirbeltieren gehören die Rundmäuler (Neunaugen und Schleimaale). Sie besitzen einen aalartigen und schuppenlosen Körper und ein knorpeliges Skelett.

Viele kieferlose Fische (**Agnatha**) aus dem Ordovizium bis Devon werden als **Ostracodermi** zusammengefasst, wobei sie keine monophyletische Einheit bilden, also nicht auf eine gemeinsame Stammform zurückgeführt werden können. Die Stachelhaie (**Acanthodii**) und Panzerfische (**Placodermi**) sind ausgestorben.

Fische atmen über Kiemen. Während die Knorpelfische wie Haie und Rochen ein Skelett aus Knorpelgewebe besitzen, ist das der Knochenfische tatsächlich verknöchert und damit fossil besser überlieferungsfähig.

Amphibien (Lurche) sind wechselwarme Tiere mit einer dünnen, nackten und feuchten, oftmals warzigen Haut. Amphibien atmen und trinken über ihre Haut. Ihre Larven leben im Wasser und atmen über Kiemen. Nach einer Metamorphose, bei der auch die Lungenatmung entsteht, sind die erwachsenen Tiere zum Landleben befähigt.

Reptilien (Kriechtiere) tragen Hornschuppen auf ihrer Haut. Auch sie sind wechselwarm, haben im Grundplan weder Federn noch Haare. Sie bewegen sich kriechend und besitzen einen langen Schwanz. Reptilien legen Eier mit einer festen Schale. Alle Reptilien (und ihre Jungen) atmen über Lungen.

Die Vögel haben sich aus den Reptilien entwickelt. Sie bilden mit diesen zusammen die monophyletische Einheit der **Sauropsida**. Vögel haben ein Federkleid und Flügel, mit denen sie fliegen können. Flugunfähige Vögel haben flugfähige Vorfahren. Der Schnabel der Vögel trägt keine Zähne. Vogelknochen sind hohl (Gewichtsersparnis).

Säugetiere säugen ihren Nachwuchs mit Milch. Weibliche Tiere besitzen Milchdrüsen. Säugetiere tragen ein dichtes Fell aus Haaren, sie haben eine gleichwarme Körpertemperatur.

Artenzahl

Es gibt heute über 70.000 Wirbeltierarten, mehrere Zehntausend sind fossil beschrieben worden.

Bestimmungsmerkmale

Neben der Körperform werden bei Fischen besonders Schuppen und Zähne für die Bestimmung herangezogen. Bei Knorpelfischen wie Haien oder Rochen sind in der Regel nur die Zähne fossil überliefert. Haizähne haben eine stärker gewölbte linguale Seite (lingual = zungenseitig) und eine flache Labialseite (labial = lippenseitig). Krone, Seitenzähnchen (Denticel) und die Form der Wurzel können zur Bestimmung herangezogen werden. Bei Reptilien und Säugetieren sind die Zähne und der Bau des Schädels die wichtigsten Merkmale für eine Zuordnung zu Art, Gattung oder auch zur Familie. Die Knochen von Vögeln und Flugsauriern sind hohl.

Lebensraum und Lebensweise

Wirbeltiere haben alle marinen, limnischen und terrestrischen Lebensräume erschlossen, einschließlich Tiefsee, Hochgebirge und Polargebiete. Vögel und Fledermäuse können aktiv fliegen, einige Reptilien und Säugetiere zumindest durch die Luft gleiten.

Vorkommen

Die ältesten Wirbeltiere bzw. ihre direkten Vorfahren gibt es seit dem Kambrium.

Knorpelfische erscheinen im obersten Ordovizium, Knochenfische im Silur, die Amphibien dann im Devon. Die ersten Reptilien sind im oberen Karbon nachgewiesen worden. Der Urvogel Archaeopteryx aus dem Malm von Eichstätt markiert den Ursprung der Vogelevolution. Die Säugetiere haben sich aus reptilienartigen Vorfahren entwickelt. Die ältesten Funde stammen fraglich aus dem Jura, sicher aus der Kreidezeit.

Haizähne

Größe: 0,5–4 cm
Alter: Tertiär, zumeist Eozän bis Miozän, ca. 10–50 Millionen Jahre
Herkunft: Norddeutschland, Dänemark, Südschweden
Häufigkeit: ●●○○○

Beschreibung: Haie in der Ostsee! Es gibt bei uns tatsächlich bis zu 3 m große Heringshaie. Aber keine Angst, sie werden uns kaum begegnen. Haizähne, die wir am Strand finden, stammen zumeist aus aufgearbeiteten Tonen. Die häufigsten Gattungen sind *Isurus* (Makohai; im Bild links), der übrigens auch zu den Heringshaien zählt, und *Carcharias* (Sandtigerhai; im Bild rechts), der etwas schlankere Zähne besitzt. Haizähne sind recht widerstandsfähig. Sie kommen in verschiedenen Gesteinsarten vor, können im Geschiebe über 200 Millionen Jahre alt sein. Besonders häufig, aber auch recht klein, sind sie im Echinodermen-Konglomerat (Paläozän, ca. 60 Mill. J.). Wenn diese Gesteine verwittern, bleiben sie als unlöslicher Rest zurück. Haizähne sind auch aus dem Feuerstein bekannt.

Verwechslungsmöglichkeit: Haizähne bestehen aus Wurzel und Krone, haben häufig noch kleine Nebenzähnchen. Sie bestehen aus Calciumphosphat. Zugespitzte Feuersteine können ein ähnliches Aussehen haben, ein genauer Vergleich schließt Fehlbestimmungen aber aus.

Fischwirbel

Größe: 1–2 cm

Alter: Meist Paläogen (Eozän), ca. 50 Millionen Jahre; aber auch aus anderen Formationen bekannt

Herkunft: Norddeutschland, Dänemark

Häufigkeit: ●●○○○

Beschreibung: Haie besitzen ein Skelett aus Knorpel, in das Kalk eingelagert wird. Echtes Knochengewebe findet man höchstens in den Wirbeln ausgewachsener Tiere. Bei Knochenfischen ist das gesamte Skelett verknöchert. Da aber nur verknöcherte Teile fossil überliefert werden, findet man von Haien neben den Zähnen lediglich Wirbelkörper. Haiwirbel sind deutlich flacher als ihr Durchmesser. Sie sind exakt rund und auf beiden Seiten sanduhrförmig eingesenkt. Sie tragen in regelmäßigen Abständen auf der Außenseite senkrechte Säulchen zwischen Ober- und Unterseite. Wirbel von Knochenfischen sind im Verhältnis höher, tragen auf der Außenkante unregelmäßig angeordnete und unterschiedlich dicke „Stelen" und besitzen auf der Bauchseite zwei Kiele, an denen die Rippen ansetzen. Wirbel sind nur selten lose zu finden, viel häufiger sind sie in Pyrit- oder Tonkonkretionen eingeschlossen. Man findet sie am leichtesten dort, wo tertiäre Tone im Untergrund anstehen.

Verwechslungsmöglichkeit: Keine.

Wale

Größe: bis > 20 cm
Alter: Paläogen und Neogen, ca. 50–10 Millionen Jahre
Herkunft: Norddeutschland, Dänemark
Häufigkeit: ●○○○○

Beschreibung: In vielen tertiären Tonen können Überreste fossiler Wale gefunden werden. Zumeist handelt es sich dabei um Wirbel oder Teile des Schädels. Dort, wo Tone des Eozäns, Oligozäns oder Miozäns in der Steilküste aufgeschlossen sind oder küstennah ausstreichen, können Skelettteile freigespült werden. Massive Knochen rollen in der Brandung ab und können dann im Strandgeröll gefunden werden. Sehr selten sind Funde wie die links abgebildete fossile Zwischenwirbelscheibe von Fehmarn.

Verwechslungsmöglichkeit: Fossile Knochen können mit rezenten Skelettelementen von Seehunden, Robben oder Schweinswalen verwechselt werden, die im Vergleich aber viel heller und leichter sind. Eiszeitliche Großsäugetiere wie Riesenhirsch oder Mammut besitzen Röhrenknochen, Wirbel sind nicht immer sicher zu unterscheiden, in der Regel aber weniger massiv.

Pferd *Equus*

Größe: 2–6 cm
Alter: Pleistozän, ca. 2 Millionen bis wenige 100 Jahre
Herkunft: Norddeutschland
Häufigkeit: ●●○○○

Beschreibung: Pferdezähne sind in eiszeitlichen Kiesen und pleistozänen Schottern durchaus häufiger zu finden. Sie sind nicht immer von rezenten bis wenige hundert Jahren alten Pferdezähnen zu unterscheiden, die auf Äckern oder an Steilküsten genauso auftreten können.

Die Zähne von Pferden sind quadratisch bis rechteckig im Querschnitt, die Leisten des Zahnschmelzes sind stark geschwungen. Man findet im Strandkies auch andere Reste eiszeitlicher Säugetiere wie Rind oder Hirsch.

Verwechslungsmöglichkeit: Mit rezenten Zähnen anderer Säugetiere, die als Jahrzehnte alte Schlachtabfälle, Jagdbeute oder Unfallopfer auf Äckern, Lesesteinhaufen oder in Abfallgruben früherer Zeiten landen und durch spätere Küstenabbrüche an den Strand gelangen können. Strandfunde von Zähnen eiszeitlicher Säugetiere sind in der Regel dunkel und abgerollt.

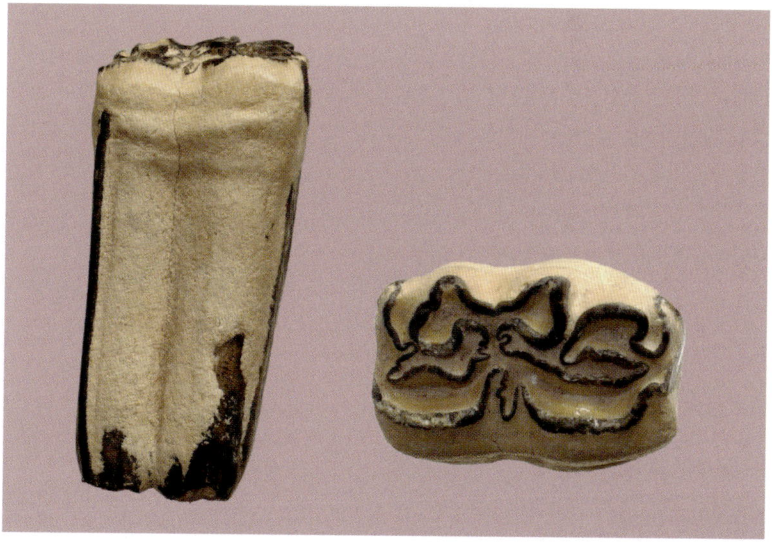

ALGEN (ALGAE)

Was sind „Algen“?

Algen werden heute nicht mehr zu den Pflanzen gerechnet. Unter dem Begriff „Alge“ werden viele, untereinander nicht näher verwandte Lebewesen zusammengefasst, die im Wasser leben und Photosynthese betreiben. Ihre Zellen besitzen einen Zellkern.

Bauplan

Es gibt viele verschiedene Organisationsstufen, die von amöboiden oder geißeltragenden, einzelligen Formen bis zu einem gewebeartigen Thallus reichen. Ein Thallus, der bei Braun-, Rot- und Grünalgen vorkommt, kann in Rhizoid, Cauloid und Phylloid unterteilt werden, was in etwa Wurzel, Stängel und Blatt der Landpflanzen entspricht.

Größe

Einige Tangarten können Thalluslängen von 60 m erreichen.

Bestimmungsmerkmale

Mehrzellige Algen werden makroskopisch nach der Form des Thallus unterschieden. Die wichtigsten systematischen Merkmale sind in der Regel nur mikroskopisch und biochemisch zu erfassen. Fossil bedeutungsvoll sind vor allem thallöse Algen oder solche, die durch Kalkeinlagerungen besser erhaltungsfähig sind.

Triviales

Die als „Blaualgen“ bezeichneten Cyanobakterien besitzen keinen Zellkern und gehören somit zu den **Prokaryota** (Bakterien).

Systematik

Man trennt die künstlichen Gruppen der meist einzelligen Mikroalgen von den großen Makroalgen. Mehr als ein Dutzend Gruppen werden in der Systematik unterschieden, sie werden zumeist nach stammesgeschichtlich unterschiedlichen Farbpigmenten gegeneinander abgegrenzt. Rotalgen stehen den Grünalgen nahe, werden durch biochemische und zelluläre Merkmale von diesen separiert. Ein anderer, getrennt stehender Zweig umfasst die Braunalgen (**Phaeophyceae**), Kieselalgen (**Diatomeen**) und die **Coccolitophoriden**, die milliardenfach die Schreibkreide aufbauen.

Artenzahl

Man schätzt die Zahl bekannter Algenarten auf mehr als 30.000, einige Autoren rechnen mit einer deutlich höheren, sechsstelligen Zahl.

Vorkommen

Die ältesten fossilen Algen sind 1,2 Milliarden Jahre alt. „Algen“ kommen weltweit nicht nur im Meer und Süßwasser, sondern auch im Boden, auf Schneefeldern oder in der Luft vor.

Kalkalge *Palaeoporella*

Größe: Durchmesser der Algen 1–2 mm, Steine bis > 1 m
Alter: Spätes Ordovizium, ca. 445 Millionen Jahre
Herkunft: Dalarna, Ostseegrund nördlich von Öland (Schweden), Estland
Häufigkeit:

Beschreibung: Es gibt Kalk abscheidende Algen, die im oberen Ordovizium regelrechte Algenriffe gebildet haben. Der sogenannte Palaeoporellen-Kalk ist als Geschiebe häufig zu finden. Er kann grünlich, grau, beige oder sogar rötlich sein. Große Blöcke zeigen häufig Stylolithen. Das sind Verzahnungen an Schichtgrenzen im Gestein, die durch Lösungsvorgänge entstehen und die als Zickzack-Linie über die Gesteinsoberfläche laufen. Bei allen Palaeoporellen-Kalken sieht man etwa 1–2 mm große Querschnitte der Algenschläuche auf der Außenseite des Geschiebes. Hinter der Sammelgattung „*Palaeoporella*" verbergen sich mehrere ähnliche Arten, die außerdem den Gattungen *Vermiporella, Dasyporella* und *Rhabdopleurella* zugerechnet werden können. Eine exakte Bestimmung kann nur über Dünnschliffe erfolgen.

Verwechslungsmöglichkeit: Algenschläuche sind unsegmentiert, gebogen bis gewunden, manchmal verzweigt und besitzen Porenöffnungen.

Kalkalge *Coelosphaeridium sphaericum*

Größe: bis 1 cm

Alter: Spätes Ordovizium, ca. 450 Millionen Jahre

Herkunft: Ostseegrund

Häufigkeit: ●●○○○

Beschreibung: Die kleine, kugelige Alge erreicht kaum die 1-cm-Marke, dafür war ihr wissenschaftlicher Name früher umso länger: *Coelosphaeridium cyclocrinophilum*. Heute heißt die Kugelalge *C. sphaericum*. Sie gehört zu den kalkabscheidenden Algen (Dasycladales). Ihr Körper besteht aus einer einzigen Zelle, die durch eingebaute Gerüstelemente aus Kalk Stabilität erhält. Die Algen sind am Untergrund flacher und warmer Meeresbereiche festgewachsen. Als Grünalge braucht sie Sonnenlicht zur Photosynthese und geht deshalb kaum tiefer als 20 m. *Coelosphaeridium* kommt im Backsteinkalk und im *Coelosphaeridium*-Kalk vor. Lose, verkieselte Funde sind selten.

Verwechslungsmöglichkeit: Im Querschnitt unverkennbar. Ordovizische Schwämme (S. 21) sind meist größer, besitzen kleine und große Porenöffnungen. Der Kugelschwamm *Porosphaera* (S. 24) ist in der Regel weiß und hat winzig kleine Poren.

Kalkalge *Cyclocrinites*

Größe: Durchmesser der Algen 1–3 cm
Alter: Spätes Ordovizium, ca. 450 Millionen Jahre
Herkunft: Nordbaltikum bis Estland
Häufigkeit: ●●○○○

Beschreibung: Im Gegensatz zu *Coelosphaeridium* sind bei *Cyclocrinites* nur die äußeren Rindenzellen verkalkt und somit fossil erhaltungsfähig. Die auf der Oberfläche dicht stehenden Porenöffnungen der kugelförmigen Alge sieht man auf der Gesteinsoberfläche im Querbruch als durchbrochene Kreislinie. Der oberordovizische *Cyclocrinus*-Kalk (der heute richtiger *Cyclocrinites*-Kalk heißen müsste), führt diese Kalkalgen stets in großer Menge.

Verwechslungsmöglichkeit: Bei Muscheln oder Brachiopoden sieht man im Querschnitt stets die beiden Klappen. Seeigel oder die ebenfalls zu den Stachelhäutern gehörenden Beutelstrahler (Cystoideen) besitzen ein Kalkgehäuse, das die dicht stehenden Porenöffnungen vermissen lässt.

Was sind Pflanzen?

Pflanzen sind, vereinfacht gesagt, photoautotrophe („sich selbst von Licht ernährend“) Organismen, die durch Photosynthese aus Kohlendioxid und Wasser eigenständig Kohlehydrate herstellen können. Sie sind festgewachsen und besitzen den grünen Blattfarbstoff Chlorophyll. Die Algen zählen nach gängiger Auffassung nicht mehr zu den Pflanzen und werden den „Landpflanzen“ gegenübergestellt.

Bauplan

Pflanzen sind in der Regel in Wurzel, Stamm oder Stängel und Blatt untergliedert. Viele Pflanzen besitzen Blüten als Fortpflanzungsorgane. Alle Pflanzen machen einen Generationswechsel durch, d. h. es wechseln sich die vegetative Generation (Sporophyt = die „Pflanze“ selbst) und die sexuelle Generation (Gametophyt = Pollen und Eizelle) ab. Gefäßpflanzen besitzen Tracheiden, wasserleitende Zellen mit spiralig verdickten Wänden.

Größe

Der größte lebende Baum ist ein Küstenmammutbaum von 115 m Höhe.

Früchte

Bei Blütenpflanzen wandelt sich die befruchtete Blüte zur Frucht um. In dieser sind die Samen eingeschlossen. Früchte werden nach ihrem Aufbau u. a. in Beeren, Schoten, Nüsse oder Steinfrüchte unterschieden. Die Fortpflanzungsorgane der Nadelbäume bezeichnet man als Zapfen.

Lebensraum und Lebensweise

Pflanzen leben in den lichtdurchfluteten Bereichen des Meeres (z. B. Seegras), im Süßwasser und an Land.

Systematik

Pflanzen werden in **Leber**-, **Laub**- und **Hornmoose** und in die **Gefäßpflanzen** unterteilt. Letztere werden in **Bärlappe**, **Farne** und **Samenpflanzen** gegliedert. Die Samenpflanzen wiederum trennt man in die **Nacktsamer** (Palmfarne, Ginkgogewächse und Koniferen) und die **Bedecktsamer** (Blütenpflanzen).

Artenzahl

Man geht heute von 300.000 bis 500.000 Pflanzenarten weltweit aus.

Vorkommen

Die ältesten Pflanzen überhaupt datiert man in das obere Ordovizium. Die ältesten Landpflanzen kennt man aus dem obersten Silur. Farne gibt es seit dem Devon. Die ältesten Nadelbäume stammen aus dem oberen Karbon, die ältesten Blütenpflanzen aus der unteren Kreidezeit.

Bernstein

Größe: > 10 cm

Alter: Eozän, ca. 34–38 Millionen Jahre

Herkunft: ursprünglich nordöstliches Skandinavien bis Baltikum

Häufigkeit: ●●●○○

Beschreibung: Bernstein, die Tränen der Götter und zugleich wohl begehrtestes Sammelobjekt aller Strandwanderer und Küstenläufer. Im frühen Eozän erstreckte sich ein riesiger Bernsteinwald von Schweden weit nach Norden und Osten bis über das Baltikum hinaus. Das Klima war subtropisch, häufige Regenfälle spülten das Harz der Bernsteinkiefer und anderer Harz produzierender Bäume in Flüsse und Seen, wo es unter Luftabschluss konserviert wurde. Man vermutet, dass ein riesiges Flusssystem, der Eridanos, sein Delta im Bereich des heutigen Königsberg hatte. Hier wurde die sogenannte Blaue Erde und mit ihr Millionen von Bernsteinstücken abgelagert. Prähistorische Flüsse und eiszeitliche Schwelzwasserströme haben den Bernstein dann weiter verbreitet. Man findet ihn zwischen Sprockholz und Seetang, besonders nach Stürmen, im Angespül.

Verwechslungsmöglichkeit: Bernstein brennt und riecht beim Schleifen angenehm aromatisch. Gelber Feuerstein ist härter, schwerer, geht in Salzlösung unter. Vorsicht vor Weißem Phosphor, einem Sprengstoff aus dem Zweiten Weltkrieg, der dem Bernstein in allem zum Verwechseln ähnlich sieht!

Pflanzenhäcksel

Größe: 0,1 bis > 10 cm
Alter: Späte Trias / Früher Jura bis Frühe Kreide, ca. 120–200 Millionen Jahre
Herkunft: Bornholm (Dänemark), Südschweden
Häufigkeit: ●●●○○

Beschreibung: Manche Geschiebe führen lagenweise kohlige Pflanzenreste. Meistens handelt es sich um kleine Holzstücke von Nadelbäumen, selten kann man Abdrücke von Farnwedeln entdecken. Helle, graue oder beige Sandsteine (oben) stammen aus der Frühen Kreide, rotbraune Sphaerosiderite (Eisensandsteine; rechts) sind etwas älter und werden dem Rhät-Lias zugerechnet.

Verwechslungsmöglichkeit: Holzreste kann man unter einer Lupe gut identifizieren. Mit einer Nadel kann man kleine Stücke der Holzkohle entfernen. Dunkle Minerale oder Klasten (Gesteinsbruchstücke) in einem Konglomerat sind viel härter.

Versteinertes Holz

Größe: 0,5 bis > 30 cm
Alter: meist Miozän, ca. 20 Millionen Jahre
Herkunft: Norddeutschland, Dänemark
Häufigkeit: ●●●○○

Beschreibung: Man nimmt an, dass die Vielzahl der verkieselten Hölzer, die man überall in Norddeutschland und Dänemark finden kann, aus miozänen Braunkohlesanden oder tertiären Flussablagerungen stammen. Meistens handelt es sich um Nadelholz, das der Familie der Zypressengewächse zuzuordnen ist. Unverwitterte Stücke sind dunkel, verwitterte hell. Das Holz wurde einst unter Luftabschluss eingebettet. Kieselsäure hat die Holzsubstanz ersetzt. Man spricht von Verkieselung. Am frischen Bruch und in kleinen Hohlräumen sieht man winzige, in der Sonne glitzernde Quarzkristalle. Bei gut erhaltenen Stücken kann man sogar die Jahresringe erkennen.

Verwechslungsmöglichkeit: Verkieseltes Holz kann leicht mit verwittertem Faserkalk (S. 184) verwechselt werden. Faserkalk hat (unverwittert) einen seidigen Glanz, ist weicher und braust beim Betropfen mit Säure oder Essig deutlich auf. Verwitterter Faserkalk hat zumeist eine Mittelnaht und zeigt niemals Jahresringe.

Was sind Spurenfossilien?

Die Lehre von den Spurenfossilien bezeichnet man als **Palichnologie**. Sie beschäftigt sich mit „versteinertem Verhalten", also den Lebensspuren, die ein Organismus aktiv im Sediment erzeugt hat.

Herkunft des Namens

Der Name Palichnologie bedeutet übersetzt soviel wie die „Lehre von alten Fußspuren". Versteinerte Lebensspuren werden auch als **Ichnofossilien** bezeichnet.

Vergleich zu heute lebenden Formen

Um Spurenfossilien richtig einordnen zu können, muss man die fossilen Funde mit rezenten Lebensspuren vergleichen. Oftmals kennt man den heutigen Erzeuger einer Spur, kann aus seinem Verhalten auf das Entstehen versteinerter Lebensspuren schließen.

Größe

Die Größe einer Spur hängt von ihrem Erzeuger ab. Dinosauriertrittsiegel sind riesig, manche Bohrspuren winzig. Spuren können riesige Flächen einstigen Meeresbodens bedecken.

Bestimmungsmerkmale

Für die Bestimmung von Spurenfossilien sind zum einen ihre Textur, zum anderen aber auch ihre Lage im umgebenden Sediment ein wichtiges Merkmal.

Lebensraum und Lebensweise

Lebensspuren werden vor allem im Sediment angelegt. Viele sind kennzeichnend für einen bestimmten Lebensraum, geben Hinweise auf Wassertiefe und Strömungsverhältnisse. Es gibt Spuren aber auch in allerlei anderen Substraten, beispielsweise Bohrspuren in Muschelschalen oder in Holz.

Besonderheiten

Die Benennung von Spurenfossilien folgt einer eigenen Nomenklatur, weil dieselbe Spur von verschiedenen Tieren angelegt werden kann, auf der anderen Seite ein Tier auch verschiedene Spuren erzeugen kann.

Es gibt Spurenfossilien, die biostratigraphisch wichtig sind und als Leitfossilien dienen.

Systematik

Man klassifiziert Spurenfossilien nach dem Verhalten ihrer Erzeuger, wobei es zwischen den einzelnen Gruppen Übergänge gibt. Die wichtigsten sind

Ruhespuren (**Cubichnia**), Bewegungs- bzw. Kriechspuren (**Repichnia**), Weidespuren (**Pascichnia**), Fressspuren (**Fodinichnia**), Kotspuren (**Faecichnia**), Wohnspuren (**Domichnia**), Fallen und Kultivierungsspuren (**Agrichnia**), Raubspuren (**Praedichnia**), Ausgleichsspuren (**Equilibrichnia**), Fluchtspuren (**Fugichnia**), über dem Substrat angelegte Spuren (**Aedificichnia**), Brutstrukturen (**Calichnia**) und Verankerungsspuren (**Fixichnia**).

Trivia

Der Begriff „Lebensspuren" ist international und auch in der englischen Literatur gebräuchlich.

Vorkommen

Die ältesten fossilen Lebensspuren kennt man aus dem Präkambrium vor rund 700 Millionen Jahren. Spuren kommen in allen Lebensräumen bis heute vor.

Kriechspuren *Psammichnites gigas*, unteres Kambrium, Geschiebe Kieler Förde

Kriechspur *Fucoides*

Größe: bis > 50 cm
Alter: 520–528 Millionen Jahre (Unteres Kambrium)
Herkunft: Schonen, Västergötland (Schweden)
Häufigkeit: ●●●●○

Beschreibung: Der Fucoiden-Sandstein ist von zahlreichen Kriechspuren durchsetzt, die nur selten eine exakte Bestimmung zulassen. Es handelt sich meist um einfache, gerade bis leicht gebogene, glatte, zylindrische Gänge, die in den Sammelgattungen *Fucoides, Palaeophycus* oder *Planolites* untergebracht werden. Häufig sind diese Spuren negativ eingeprägt, die wahrscheinlich weichere Ausfüllung der Gänge ist ausgewittert.

Verwechslungsmöglichkeit: Derartige Spuren kommen in verschiedenen Sandsteinen vor, sind aber in großer Dichte kennzeichnend für den Fucoiden-Sandstein.

Kråksten Krähenstein

Größe: bis > 30 cm
Alter: 520–528 Millionen Jahre (Unteres Kambrium)
Herkunft: Schonen (Schweden)
Häufigkeit: ●●●●○

Beschreibung: Ein stark bioturbater, quarzitischer Sandstein wird im Schwedischen als „Kråksten" = „Krähenstein" bezeichnet. Er besitzt häufig dunkel gefärbte Sedimentlagen. Kennzeichnend sind zudem senkrechte Wohnbaue grabender Organismen und zugleich auf den Schichtflächen angelegte, horizontale Kriechspuren. Dieses chaotische Wühlgefüge und die grünschwarze und weiße Farbgebung machen das Gestein, vor allem im feuchten Zustand, gut erkennbar.

Verwechslungsmöglichkeit: mit ähnlichen unterkambrischen Sandsteinen, die aber in der Regel entweder Lebensspuren auf der Schichtfläche oder senkrecht dazu aufweisen.

Wohnröhren *Skolithos linearis*

Größe: Röhrendurchmesser 2 – 4 mm, Steine bis > 1 m
Alter: Unteres Kambrium, ca. 520 Millionen Jahre
Herkunft: Südschweden, Öland (Schweden), östlich bis Estland
Häufigkeit: ●●●●○

Beschreibung: Die ältesten Fossilien Deutschlands liegen am Ostseestrand. Wohnröhren von unbekannten, wurmartigen Organismen wurden im flachen Wasser oder in der Gezeitenzone des unterkambrischen Meeres angelegt. Weil sich immer neuer Sand ablagerte, musste das Tier seine Röhre nach oben verlängern, um nicht verschüttet zu werden. Erst entstanden die Wohnröhren, dann wurde Sediment zwischen ihnen abgelagert. Aus diesem Grund verlaufen die Sandschichten ungestört, sind nicht von den Röhren beeinflusst. Besonders reizvoll sind Fundstücke mit violetten Röhren, die aus dem Kalmarsund bei Öland stammen. Solche gleichbleibend schmalen, unverzweigten Röhren werden als *Skolithos linearis* bezeichnet.

Verwechslungsmöglichkeit: Mit Grabbauen wie *Monocraterion* (S. 180). Hier sind jedoch die Sedimentschichten zwischen den Röhren durch die Grabtätigkeit des Erzeugers nach unten abgebogen.

Spreitenbau *Syringomorpha nilssoni*

Größe: 1 bis > 10 cm
Alter: Unteres Kambrium, ca. 520 Millionen Jahre
Herkunft: Schweden (Västergötland, Schonen)
Häufigkeit: ●●○○○

Beschreibung: *Syringomorpha nilssoni* ist ein Spurenfossil, das aus zwei bis mehr als zehn Spreiten aufgebaut ist. Ausgehend von einem ersten, initialen Gang werden nach und nach neue Spreiten in Richtung der konkaven Seite angefügt. Es entsteht so ein blatt- bis wedelförmiger Spreitenbau, der lange Zeit zu kontroversen Diskussionen in der wissenschaftlichen Welt geführt hat. Im Querschnitt sind die Spreiten U-förmig, man kann sich den gesamten Bau wie ineinander gelegte Dachrinnen vorstellen. Es gibt ganz wenige Fälle, in denen die Spreiten tatsächlich aus drehrunden Gängen bestehen.

Verwechslungsmöglichkeit: Durch das charakteristische Muster ineinander liegender 'U'-s auf der Oberfläche sind Sandsteine mit *Syringomorpha* eindeutig bestimmbar.

Grabbau *Monocraterion tentaculatum*

Größe: Durchmesser der Röhre 0,4 bis > 1 cm
Alter: Unteres Kambrium, ca. 520 Millionen Jahre
Herkunft: Südschweden
Häufigkeit: ●●●●○

Beschreibung: Im Unterschied zu den nach oben errichteten Wohnröhren von *Skolithos* haben die Erzeuger von *Monocraterion tentaculatum* gebuddelt. Bei ihrer Grabtätigkeit wurden die horizontal abgelagerten Sandschichten nach unten verbogen, es entstand eine girlandenförmige Schichtung. Blickt man von oben auf den Stein, sieht man zwei ineinander liegenden Kreise. Der innere Kreis entspricht der Wohnröhre, der äußere Kreis kennzeichnet das nachgerutschte Sediment.

Verwechslungsmöglichkeit: Bei *Skolithos* (S. 170) gibt es keine Schichtabbiegungen, die durch das Graben entstanden sind.

Grabbau *Diplocraterion parallelum*

Größe: Breite der Spreite 1,5 – 4 cm
Alter: Unteres Kambrium, ca. 520 Millionen Jahre
Herkunft: Südschweden (vor allem Schonen und Västergötland)
Häufigkeit: ●●●○○

Beschreibung: *Diplocraterion parallelum* ist ein u-förmiger Spreitenbau. Wie unser heutiger Wattwurm hat ein unbekannter Organismus im unterkambrischen Meeresboden U-förmige Gänge angelegt, die im Laufe der Zeit immer tiefer in das Sediment getrieben wurden. Dadurch entstand ein sehr charakteristischer Grabbau. In der Aufsicht sieht man ein hantelförmiges Muster: Rechts und links befindet sich die Röhre, dazwischen die häufig etwas schmalere Spreite.

Verwechslungsmöglichkeit: Die ähnliche Spur *Rhizocorallium* liegt immer parallel zur Sedimentoberfläche, steht nicht senkrecht dazu wie *Diplocraterion*. Aufgebrochene Wohnbaue, die beide Schenkel zeigen, und Gesteine mit dem typischen Hantel-Muster auf der Oberfläche sind nahezu unverwechselbar. Zerbrochene Baue können mit *Monocraterion* (S. 180) verwechselt werden.

Spuren im Flint: *Taenidium, Zoophycos*

Größe: Spurenbreite 1 – 2 cm
Alter: Späte Kreide, ca. 70 Millionen Jahre
Herkunft: Norddeutschland, Dänemark
Häufigkeit: ●●●○○

Beschreibung: Auf schwarzen Kreidefeuersteinen kann man gelegentlich Fressspuren unbekannter Erzeuger finden. *Taenidium* (im Bild links) ist ein Stopfbau, dessen Grabtunnel nach hinten periodisch wieder aufgefüllt wurde. *Zoophycus* (im Bild rechts) baut U-förmige Spreiten, die sich spiralig um eine Achse winden. Im Idealfall sind mehrere Loben des Baues in verschiedenen Ebenen erhalten. *Rhizocorallium* ist ebenfalls eine u-förmige Fressspur, die auf der Schichtebene liegt und an den Seiten eine deutlich sichtbare Röhre besitzt.

Verwechslungsmöglichkeit: Es gibt viele Oberflächenstrukturen auf Feuersteinen, die anorganischen Ursprungs sind. Spurenfossilien wie Weidespuren oder Grabbaue sind an den Seiten meistens scharf begrenzt und zeigen in den vorliegenden Fällen Spreiten. Der gebänderte Feuerstein (S. 180) ist durch rhythmische Kieselgel-Ausfällungen entstanden und zeigt abwechselnd helle und dunkle Streifen.

Spuren im Flint: *Chondrites*

Größe: Spurenbreite bis 0,5 cm
Alter: Späte Kreide, ca. 70 Millionen Jahre
Herkunft: Norddeutschland, Dänemark
Häufigkeit: ●●●○○

Beschreibung: Lebensspuren sind im Feuerstein in der Regel kaum erhaltungsfähig, eine Ausnahme bilden weiße Grab- und Wühlgänge, die manche schwarze Feuersteine komplett durchziehen. Sie werden wurmartigen Organismen zugeschrieben. Ihre Breite ist über die gesamte Spurenlänge gleich, hin und wieder treten Verzweigungen auf. Die Spuren sind häufig mit Kreide gefüllt, die ausgewaschen werden kann und dann Hohlräume im Gestein hinterlässt. Manchmal bestehen die weißen Ausfüllungen jedoch aus Opal, einer amorphen Kieselsäure, und sind damit gegen Verwitterung viel widerstandsfähiger.

Verwechslungsmöglichkeit: Häufig zeigen schwarze Feuersteine weiße Krusten und Schlieren, die anorganischer Entstehung sind. Echte Spurenfossilien aus der Gruppe um *Chondrites* sind gleichbleibend schmal und regelmäßig verzweigt.

Krebsbau *Ophiomorpha nodosa*

Größe: Länge der Stücke 2–8 cm, auf Gesteinsflächen auch größer

Alter: meist Paläozän bis Eozän (Paläogen), selten auch in Feuersteinen und verschiedenen tertiären Geschieben; 10–70 Millionen Jahre, meist ca. 50 Millionen Jahre

Herkunft: Norddeutschland, Dänemark

Häufigkeit: ●●●○○

Beschreibung: Manche Krebse legen im Sandboden flacher Meeresbereiche, im Brackwasser, in Flussmündungen oder in Gezeitenzonen meterlange, vielfach verzweigte Wohnröhren an. Die Krebse ähneln äußerlich unserem Flusskrebs. Man nennt sie Schlammhummer oder Maulwurfskrebse. Ihr Bau ist mit kleinen, meist ovalen Pellets ausgestopft, die dem Bau Stabilität geben. Die Wandungen sind härter als der umgebende Sand und so findet man nicht selten ausgespülte und abgerollte Bruchstücke des einstigen Gangsystems.

Verwechslungsmöglichkeit: Aufgrund der Walzenform und der knotigen Oberfläche kaum mit anderen Funden zu verwechseln. Mitunter gibt es y-förmig verzweigte Stücke.

Konkretionen mit sternförmigen Spuren

Größe: Spurendurchmesser 1–2 cm

Alter: zumeist wohl Eozän, ca. 50 Millionen Jahre

Herkunft: Norddeutschland, Dänemark, Schonen, Gotland, Öland (alle Schweden), Estland

Häufigkeit: ●●○○○

Beschreibung: In hell- bis schokoladenbraunen Konkretionen, die zumeist tertiären Tonen entstammen, kann man häufig Lebensspuren finden, die sich wurmartig durch das Gestein winden. Häufig sind die Gänge mit weicherem Sediment gefüllt und ausgewaschen, so dass nur ihre Hohlformen vorliegen. Sieht man genau hin, kann man in einigen Geschieben kleine, kreisförmig angeordnete Löcher erkennen, die von innen nach außen an Größe abnehmen. Ähnliche sternförmige Spuren kennt man aus dem Nordseewatt, die dort von der Pfeffermuschel *Scrobicularia* erzeugt werden.

Verwechslungsmöglichkeit: Schwämme sind in der Regel in Feuerstein erhalten.

Naturspiele in Flint

Größe: bis > 20 cm
Alter: Späte Kreide bis Paläogen (Danium), ca. 60–70 Millionen Jahre
Herkunft: Norddeutschland, Dänemark
Häufigkeit: ●●●●●

Beschreibung: Fingerförmig geformte Feuersteine sind allerorts sehr häufig. Leider handelt es sich bei ihnen nicht um Dinosaurierkrallen, Drachenzähne oder Seeschlangen. Feuerstein kann aufgrund seiner Entstehung alle möglichen Formen annehmen, gaukelt uns Seehunde, Schildkröten, Vogelköpfe und vieles mehr vor. Ein strukturloser Feuerstein ist in aller Regel eine Zufallsbildung. Nur wenn sich tatsächlich bestimmbare Skelettelemente oder Oberflächenmerkmale finden, kann dies auf einen fossilen Organismus hinweisen. Feuersteine mit Loch nennt man „Hühnergötter".

Verwechslungsmöglichkeit: Belemniten sind immer bernsteinfarben, drehrund, niemals gebogen, radialstrahlig aufgebaut und besitzen einen zentralen Kanal. Schildkröten gibt es im Feuerstein nicht! Und wenn Sie einen Seehund aus Feuerstein in der Hand halten, überlegen Sie bitte, wie groß echte Seehunde schon bei der Geburt sind.

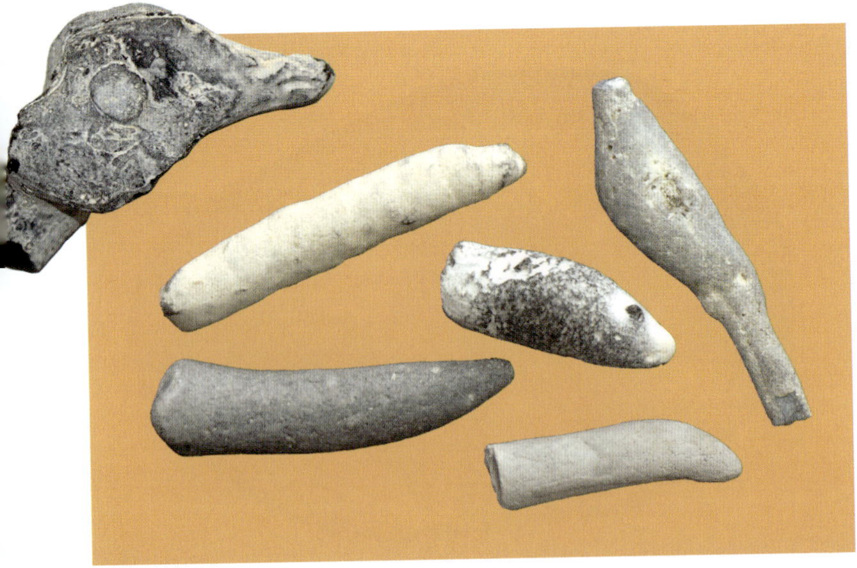

Hexenschüsseln

Größe: bis > 10 cm

Alter: Tertiär, meist Oligozän, Miozän, Pliozän; 10–30 Millionen Jahre; seltener auch Späte Trias / Früher Jura, ca. 200 Millionen Jahre

Herkunft: Norddeutschland, Dänemark

Häufigkeit: ●●●●○

Beschreibung: Einst hauste ein sagenhaftes Zwergenvolk in Schleswig-Holstein, zumeist in Großsteingräbern, in den Dünen oder auch unter den Ställen der Bauern – die Unnerersken. Sie haben in ihren unterirdischen Schmieden Töpfe und Schüsseln hergestellt. Unbrauchbare Artefakte wurden an der Erdoberfläche entsorgt. Als das Volk eines Tages vertrieben wurde, ließen sie auch ihr eigenes Geschirr zurück. Und so findet man heute sowohl wohlgeformte als auch unregelmäßig verbogene Zeugnisse ihres Wirkens im Sand – so die Sage.
Die Wirklichkeit ist weniger spannend. Ein feiner Sandstein wurde mit Eisensalzen imprägniert, so dass sich eine harte Limonitkruste bildete. Der weiche Kern verwitterte und wurde ausgespült. Übrig bleiben nur die harten Schalen. Hexenschüsseln sind häufig auf den nordfriesischen Inseln, aber auch in vielen Kiesgruben des Binnenlandes.

Verwechslungsmöglichkeit: Keine.

Gebänderter Feuerstein

Größe: 2 bis > 20 cm
Alter: Späte Kreide bis Paläogen (Danium), ca. 60–70 Millionen Jahre
Herkunft: Norddeutschland, Dänemark
Häufigkeit: ●●●●○

Beschreibung: Man findet häufig gebänderte Feuersteine, deren regelmäßiges Muster aus hellen und dunklen Streifen auf rhythmische Fällung von Kieselsäure während der Feuersteinentstehung zurückzuführen ist. Manchmal ist diese Bänderung auf eng umgrenzte Zonen im Stein beschränkt. Man hat verschiedentlich solche scharf abgegrenzten Bänder als Grabgang gedeutet. Es gibt aber Moostierchen, die die Grenze von Matrix zu „Gang" durchdringen. Bei einer Grabtätigkeit wären diese filigranen Äste wohl abgebrochen. Dennoch, ganz auszuschließen ist die Füllung eines Grabganges während der Flintgenese nicht.

Verwechslungsmöglichkeit: Oft gaukelt die Bänderung ein Fossil vor. Fische haben Gräten und Schuppen, Würmer sind fossil kaum erhaltungsfähig. Hier muss man im Zweifel auf wirkliche Bestimmungsmerkmale achten.

Kieselkonkretionen

Größe: 1–5 cm, gelegentlich deutlich größer
Alter: Späte Kreide bis Paläogen (Danium), ca. 60–70 Millionen Jahre
Herkunft: Norddeutschland, Dänemark
Häufigkeit: ●●●●●

Beschreibung: In vielen Feuersteinen findet man meist helle, unregelmäßig geformte Knollen eingelagert, die an eingeschlossene Seeigel erinnern. Scherzhaft spricht man auch von „Sauriereiern". Es handelt sich dabei um kieselige Konkretionen, vielleicht einstige Gerölle auf dem Meeresboden, die bei der Feuersteinentstehung eingeschlossen wurden. Sie sind häufig von einer hellen Chalcedonkruste oder einer Bleichungszone im Flint umgeben. Man findet sie nicht selten auch lose im Strandkies.

Verwechslungsmöglichkeit: Seeigel haben eine sehr regelmäßige Form. Ihr Gehäuse besteht aus einzelnen Kalkplatten, die man auch im Querbruch als solche erkennen kann. Auf dem Steinkern sieht man fast immer ihre Ambulakralfelder in Form von doppelten Punktreihen über das Gehäuse laufen.

Naturspiele in Flint

Größe: bis > 10 cm
Alter: Späte Kreide bis Paläogen (Danium), ca. 60–70 Millionen Jahre
Herkunft: Norddeutschland, Dänemark
Häufigkeit: ●●●●○

Beschreibung: Was im ersten Moment wie eine versteinerte Muschel aussieht, entpuppt sich beim näheren Hinsehen als „zufällige" Feuersteinbildung, eine Kieselkonkretion, die einer wirklichen Muschel zum Verwechseln ähnlich sehen kann: Zwei „Klappen", oftmals an einer Seite leicht zugespitzt, und ein umlaufendes, meist weißes Band als „Schalenrand" täuschen eine doppelklappige Muschel vor. Eine mehr oder weniger ausgeprägte Asymmetrie, der fehlende Wirbel, fehlende Anwachsstreifen und einige Merkmale mehr entzaubern das vermeintliche Fossil bei genauem Hinsehen aber rasch.

Verwechslungsmöglichkeit: Echte Muscheln (S. 74 ff.) besitzen einen Wirbel als Schalenzentrum, eine exakte Spiegelsymmetrie beider Klappen zueinander und tragen zumeist eine typische Schalenskulptur. Feuerstein bricht „muschelig" (Bild links), auch solche Bruchflächen können ein Fossil vortäuschen.

Dendriten

Größe: bis > 10 cm

Alter: aus der gesamten Erdgeschichte bekannt

Herkunft: Norddeutschland, Dänemark

Häufigkeit: ●●●●●

Beschreibung: Sicher kennt jeder Dendriten aus dem Solnhofener Plattenkalk. Dendriten sind sehr ästhetisch, erinnern in ihrer Erscheinung an Moos oder andere Pflanzen. Ihr Name kommt aus dem griechischen und bedeutet Baum. Was so hübsch Bruchflächen im Gestein und deren Oberflächen überziehen kann, sind auskristallisierte Eisen- (braun) und Mangan-Oxide (schwarz). Man findet sie häufig auf Feuersteinen oder alttertiären Kalksteinen.

Verwechslungsmöglichkeit: Echte Pflanzen haben eine Sprossachse, kleine Blättchen, Mittel- und Seitenrippen oder eine erkennbare Nervatur.

Faserkalk

Größe: bis 15 cm, selten größer
Alter: Paläogen (Eozän), ca. 50 Millionen Jahre
Herkunft: Norddeutschland, Dänemark
Häufigkeit: ●●●●●

Beschreibung: Man kennt anstehenden Faserkalk aus eozänen Tonen zwischen Fehmarn und Südholstein und in Bohrungen bis nach Cuxhaven. Als sich vor rund 50 Millionen Jahren der Atlantik öffnete, entstanden viele Vulkane entlang des ozeanischen Rückens von den Hebriden bis nach Grönland und in den Skagerrak hinein. Asche wurde in feines Tonsediment eingetragen. Von dieser feinen Tufflage ausgehend wuchsen später feinste Kalkkristalle in den umgebenden Ton. Aus diesem Grund haben alle Faserkalke eine Nahtlinie, an der die Stücke aber leicht zerbrechen können. Dunkle Schlieren in Faserkalken (Bild links) sind häufig Ascheeinlagerungen. Faserkalk lässt sich gut schleifen und zu Schmuck verarbeiten („Ostseejade“). Gegen gängige Meinungen fehlen bislang aber Beweise für die Verwendung als Schmuckstein in historischer Zeit.

Verwechslungsmöglichkeit: Mit verkieseltem Holz (S. 167), das aber keine Nahtlinie besitzt und beim Betropfen mit Säure oder Essig nicht aufbraust.

Rosa Faserkalk

Größe: 1–6 cm
Alter: unbekannt
Herkunft: unbekannt (anzunehmen ist Dänemark, Norddeutschland, Ostseegrund)
Häufigkeit: ●●●○○

Beschreibung: Deutlich seltener als die gelbgrünlichen Faserkalke ist eine rosafarbene Varietät. Ein Mangancarbonat (Rhodochrosit) wird als Ursache für die abweichende Färbung angenommen. Rosa Faserkalk kommt meist nur in kleinen Stücken vor. Funde mit einer Kantenlänge von mehr als 5 cm gehören schon zu den großen Seltenheiten. Rosa Faserkalk ist an den Küsten von Møn und Rügen häufiger als an der schleswig-holsteinischen Ostseeküste. Man kennt weder das exakte Alter noch das genaue Herkunftsgebiet dieser Faserkalk-Abart.

Verwechslungsmöglichkeit: Alle Faserkalke sind aufgrund ihres seidigen Glanzes kaum zu verwechseln, werden deshalb in Dänemark als Silkespat („Seidenspat") bezeichnet. Sie sind feucht im Gegenlicht durchscheinend. Die meisten Faserkalke besitzen eine charakteristische Mittelnaht.

BILZ, W. (2022): Fossilien von den Steinstränden der Eckernförder Bucht. – 186 S., 920 Abb.; Eckernförde.

BONDE, N., Andersen, S., Hald, N. & Jakobsen, S. L. (2008): DANEKRÆ - Danmarks bedste fossiler. – 1-224, zahlr. Abb.; Kopenhagen.

BROOD, K. (1982): Gotländska fossil. – 1-95, Abb. 1-95; Stockholm.

BROTZEN, F. (1959): On *Tylocidaris* species (Echinoidea) and the stratigraphy of the Danian of Sweden. – Sver. Geol. Unders., Ser. C 571: 1-81, Fig. 1-19, Taf. 1-2; Stockholm.

DAMHOLT, T., RASMUSSEN, A. & RASMUSSEN, L. (2011): Fossiler fra Faxe Kalkbrud. 2. Auflage. – 48 S., sehr viele Abb.; Østsjællands Museum.

ELIASON, S. (2011): Fossilien auf Gotland. Entstehung, Bestimmung und Fundorte. Zweite Ausgabe. – 166 S., zahlr. Abb.; Visby.

GRAVESEN, P. (1993): Fossiliensammeln in Südskandinavien. – 1-248, zahlr. Abb.; Korb.

GRAVESEN, P. & JACOBSEN, S.L. (2013): Skrivekridtets fossiler. 2. udgave. – 170 S., sehr viele Abb.; København.

GRIPP, K. (1954): Wie ordne ich meine Sammlung versteinerter Seeigel? – Meyniana, 2: 24-33, Abb. 1-4, Taf. 1-3; Kiel.

GRIPP, K. (1968): Belemniten-Bruch vom Ostseestrand. – Natur und Museum, 98 (9): 374-384, Abb. 1-17; Frankfurt am Main.

HUCKE, K. (1967): Einführung in die Geschiebeforschung. – 1-132, 24 Abb., 5 Tab., 2 Kt., 50 Taf.; Oldenzaal.

HUISMAN, H. (1972): Funde und Fundmöglichkeiten von Kleinfossilien. – Der Geschiebesammler, 7 (1): 7-32; Abb. 1-6, Taf. 1-6; Hamburg.

KAHLKE, J, NEUMANN, C. & TAAKE, S. (2009): Häufige und nicht-alltägliche irreguläre Seeigel vom Limfjord – Der Geschiebesammler, 95-134, Taf. 1-15; Wankendorf.

KAHLKE, J. & TAAKE, S. (2013): Fossile Wasserwaagen, Wabenigel & Co. Feuerstein-Seeigel und andere Fossilien mit kristallinen Hohlraumfüllungen. – Erratica, 6:. 54 S., 5 Abb., 21 Farb-Taf.; Wankendorf.

KAPPEL, V., RASMUSSEN, T.G. & WANECK, J. (1997): Danmarks Kyster. – 296 S., zahlr. farb. Abb.; Kopenhagen.

Krook, M. (2023): Vuursteenfossielen van Zuidwolde, Drenthe. Ijstidzwervers uit Noord-Europa. – 207 S., 45 Zeichnungen, 238 Farbfotos, 4 Tab.; Drenthe.

KUTSCHER, M. (2003): Bestimmungsschlüssel der Seeigel (Echinoidea) der Weißen Schreibkreide (Kreide, Unter-Maastrichtium) von Rügen (Deutschland) und Møn (Dänemark). – Erratica, 5: 3-41, Taf. 1-13; Wankendorf.

KUTSCHER, M. (2007): Die Insel Rügen. Die Kreide. 3. Auflage. – 56 S., Abb. 1-20, Taf. 1-16; Sassnitz.

LÖSER, H. (1997): Korallen in mesozoischen und känozoischen Glazialgeschieben Nordost-Deutschlands. – Berliner Beiträge zur Geschiebeforschung, 1: 101-111, Taf. 18-19; Dresden.

MEYER, H.-H. (2005): Forsteninger fra Danmark. – 1-59, zahlr. Abb.; Odense.

MILAN, J., JAKOBSEN, S.L. & C. NISS, C. (2022): Fossils from Faxe Limestone Quarry. 2022. 106 S., sehr viele farb. Abb.; Geomuseum Faxe (Ostsjaellands Museum).

NESTLER, H. (1960): Spongien aus der weißen Schreibkreide (Unt. Maastricht) der Insel Rügen. – Paläontologische Abhandlungen, 1 (1): 3-70, Abb. 1-6, Taf. 1-12; Berlin.

NESTLER, H. (1995): Die Fossilien der Rügener Schreibkreide. 3. Auflage. – Neue Brehm Bücherei, 486: 1-108, Abb. 1-159; Magdeburg.

NEUMANN, C., WISSHAK, M. & BROMLEY, R.G. (2008): Boring a mobile domicile: an alternative to the conchicolous life habit. In: Wisshak M, Tapanila L (eds), 2008, Current Developments in Bioerosion. 307-328, Abb. 1-7; Berlin, Heidelberg, New York.

NIELSEN, K.B. (1914): *Moltkia Isis*, Steenstrup og andre Octocorallia fra Danmarks Kridttidsaflejringer. - Mindeskrift i anledning af hundredaaret for Japetus Steenstrups fødsel, 18: 1-19, Abb. 1-2, Taf. 1-4; Kopenhagen.

RASMUSSEN, H.W. (1950): Cretaceous Asteroidea and Ophiuroidea with Special Reference to the Species Found in Denmark. - Danmarks Geologiske Undersøgelse, II. Række, 77: 1-134, Fig. 1-8, Taf. 1-18; Kopenhagen.

RASMUSSEN, H.W. (1961): A Monograph on the Cretaceous Crinoidea. – Det Kgl. Danske, Vidensk. Selsk., Biologiske Skrifter, 12 (1): 1-427, Taf. 1-60; Kopenhagen.

RASMUSSEN, H.W. (1969): Palæontologi. Fossile invertebrater. – 420 S., zahlr. Abb.; Kopenhagen.

RASMUSSEN, A., RASMUSSEN, L. & HANSEN, T. (2011): Fossiler fra Stevns Klint, Møn og Nordjylland. – 89 S., sehr viele Abb.; Østsjællands Museum.

RAYNER, D., MITCHELL, T., RAYNER, M. & CLOUTER, F. (2009): London Clay Fossils of Kent and Essex. – 228 S., zahlr. farb. Abb.; Sevenoaks.

REICH, M. & FRENZEL, P. (2002): Die Fauna und Flora der Rügener Schreibkreide (Maastrichtium, Ostsee). – Archiv für Geschiebekunde, 3 (2-4): 73-284, 9 Abb., 2 Tab., 55 Taf.; Hamburg.

RHEBERGEN, F., EGGINK, R., KOOPS, T. & RHEBERGEN, B. (2001): Ordovicische zwersteensponzen. - Staringia, 9 / Grondboor en hamer, 55 (1): 144 S., 68 Abb., 43 Taf.; Tilburg (Nederlandse Geologische Vereiniging).

ROHDE, A. (2007): Fossilien sammeln an der Ostseeküste. – 1-224, zahlr. Abb.; Neumünster.

ROHDE, A. (2008): Auf Fossiliensuche an der Ostsee. – 1-272, zahlr. Abb.; Neumünster.

RUDEBECK, B. & RIEHMANN, H. (2022): Fossile hajtaender fra Trelde Naes. – 63 S., zahlr. farb. Abb., 18 Taf.; ohne Ort.

RUDOLPH, F. (1997): Geschiebefossilien. Teil 1: Paläozoikum. – Fossilien, Sonderheft 12: 64 S., 3 Tab., 28 Taf.; Korb.

RUDOLPH, F. (2011): Noch mehr Strandsteine. Sammeln und Bestimmen von Steinen an der Nord- und Ostseeküste und im Binnenland. 2. Auflage. – 224 S., zahlr. Abb., Neumünster.

Rudolph, F. (2012): Strandsteine. Sammeln und Bestimmen an der Ostseeküste. 11. Auflage. – 160 S., zahlr. Abb., Neumünster.
Rudolph, F. (2014): Kleine Fossilien am Strand entdecken. – 144 S., 400 farbige Abb.; Neumünster.
Rudolph, F. (2014): „Nur" Donnerkeile. – Der Geschiebesammler, 47 (1): 3-24, Abb. 1-29; Wankendorf.
Rudolph, F., (2018): Welche Fossilien sind das? – 288 S., 402 farbige Abb.; Stuttgart.
Rudolph, F. & Bilz, W. (2000): Geschiebefossilien. Teil 2: Mesozoikum. – Fossilien, Sonderheft 14: 64 S., 24 Taf.; Korb.
Rudolph, F., Bilz, W. & Pittermann, D. (2017): Fossilien an Nord- und Ostsee. Finden und Bestimmen. 2. Auflage. – 320 S., mehr als 800 Abb.; Wiebelsheim.
Rudolph, F. & Meyer, M. (2012): Faserkalk. – Der Geschiebesammler, 45 (2): 47-60, Abb. 1-20; Wankendorf.
Salah, A.A. & Schmid, F. (1982): Die Tylocidariden (reg. Echiniden) der Ober-Maastricht-Stufe von Dänemark und NW-Deutschland. – Geol. Jb., A 61: 177-205, Abb. 1-46, Tab. 1, Taf. 1-7; Hannover.
Schneider, C. & Girod, P. [Hrsg.] (2023): Fossilien aus dem Campan von Hannover. 4. Auflage. – 712 S., zahlr. Abb., Tab., Taf.; Hannover.
Schulz, M.-G. (1978): Morphometrisch-variationsstatistische Untersuchungen zur Phylogenie der Belemniten-Gattung *Belemnella* im Untermaastricht NW-Europas. – Geol. Jb., A 47: 3-157, Abb. 1-66, Tab. 1-7, Taf. 1-12; Hannover.
Schulz, W. (2003): Geologischer Führer für den norddeutschen Geschiebesammler. – 508 S., zahlr. Abb.; Schwerin.
Voigt, E. (1930): Morphologische und stratigraphische Untersuchungen über die Bryozoenfauna der oberen Kreide. – Leopoldina, 6: 379-579, Taf. 1-39; Leipzig.
Voigt, E. (1958): Untersuchungen an Oktokorallen aus der oberen Kreide. – Mitt. Geol.Staatsinst. Hamburg, 27: 5-49, Abb. 1-8, Taf. 1-13; Hamburg.

Zeitangaben und Namen der Epochen/Serien nach:

Deutsche Stratigraphische Kommission (Hrsg.; Koordination und Gestaltung: M. MENNING & A. HENDRICH) (2022): Stratigraphische Tabelle von Deutschland Kompakt 2022 (STDK 2022); Potsdam (GFZ).

Beginn vor Millionen Jahren. * = in diesem Buch nicht behandelt.

STRATIGRAPHISCHE TABELLE

Quartär	2,6		Gletscherschrammen*, Windkanter*
Neogen		Pliozän	Kaolinsand mit ordovizischen Schwämmen, Hexenschüsseln
	23	Miozän	Holsteiner Gestein, lose Muscheln und Schnecken, Holz
Paläogen		Oligozän	Sternberger Gestein*
		Eozän	Faserkalk, *Ophiomorpha,* Bernstein
	66	Paläozän	Feuerstein und lose Funde: Seeigel, Seelilien, Muscheln, Brachiopoden, lose Korallen, Bryozoen; Faxekalk
Kreide		Späte Kreide	Feuerstein und lose Funde: Seeigel, Seelilien, Seesterne, Muscheln, Brachiopoden, Schwämme, Donnerkeile, Korallen, Bryozoen
	145	Frühe Kreide	Sandsteine mit Pflanzenresten
Jura		Später Jura: Malm	*Thamnasteria*-Koralle
		Mittl. Jura: Dogger	Kelloway-Sandsteine
	201	Früher Jura: Lias	Ahrensburger Liasknollen*
Trias	252		Muschelkalk-Geschiebe*
Perm	299		Kinnediabas, Rhombenporphyr*
Karbon	361		-
Devon	418		Dolomite*
Silur		Pridoli	Beyrichienkalk
		Ludlow	Crinoiden- und Korallenkalke
		Wenlock	Crinoiden- und Korallenkalke
	444	Llandovery	Crinoiden- und Korallenkalke
Ordovizium		Hinantium	Crinoidenkalk
		Katium	Crinoidenkalk
		Sandbium	Backsteinkalk, *Coelosphaeridium*-Kalk
		Darriwillium	Orthocerenkalke mit Kopffüßern, Trilobiten, Schnecken
		Daipingium	
		Floium	
	485	Tremadoc	*Ceratopyge*-Kalk*
Kambrium		Furongium	Stinkkalk*
		Miaolingium	Kalke und Sandsteine*
		Epoche 2	Spurenfossilien
	539	Terreneuvium	keine Sedimente in Baltoskandien

Die meisten Fossilien in diesem Buch stammen aus den Sammlungen von Karin Galley (†), Flintbek, Frau Groth (†), Neumünster, Helmut Meier (†), Schuby, und Rudolf Mende (†), Schwentinental. Oliver Nix, Barghorst, überließ mir die Koralle *Schlotheimophyllum* (S. 43) und Heidemarie Gerrmann, Berlin, den Seestern (S. 135).
Bildnachweis: Thomas Budler, Lübeck, *Neithea* (S. 76), Joachim Kahlke, Ammersbek, Trilobit (S. 124 l), Uwe Kankel, Schwentinental, *Cidaris* (S. 145 o), Ulrich Meisinger (†), Flensburg, Wabenigel (S. 143 r), Naturwissenschaftliches Museum Flensburg, Feuerstein-Ammonit (S. 99), Axel Paulsen (†), Altenholz, *Aphrocallistes* (S. 28), Flint-Alveole (S. 104), Seeigel (S. 142), Wabenigel (S. 143 l), Harm Paulsen, Schleswig, mittleres Exemplar *Neoliothyrina* (S. 65, *Spondylus* (S. 77 ul), David Schmälzle (†), Berlin, *Neithea* doppelklappig (S. 76), Ernst Schütt, Oldendorf, *Neoliothyrina* links (S. 65), Holger Tüxen, Steinbergkirche, Langschwanzkrebs (S. 120 r), Irmgard Vermehren, Kiel, *Cyclocrinites* klein (S. 163).
Dr. Christian Neumann danke ich für den Hinweis auf die Verursacher der Bohrspuren in *Porosphaera* und den Keulenstacheln von *Tylocidaris*, Andrea Rohde für Bemerkungen zu den Korallen.
Vielen Dank an alle, die so zum Gelingen des Buches beigetragen haben.
Titelbild oben: Mauritius Images, Mittenwald.

Bibliographische Information der Deutschen Nationalbibliothek
Die Deutsche Nationalbibliothek verzeichnet diese Publikation in der Deutschen Nationalbibliographie; detaillierte bibliographische Daten sind im Internet über http://dnb.d-nb.de abrufbar.

Borselstr.16c
D-22765 Hamburg
info@ellert-richter.de

2. aktualisierte und erweiterte Auflage 2025

ISBN: 978-3-8319-0854-7

Text: Frank Rudolph, Steinfeld
Gestaltung: BrücknerAping, Büro für Gestaltung, Bremen
Gesamtherstellung: ADverts printing house, Riga, Lettland

www.ellert-richter.de
www.facebook.com/EllertRichterVerlag
www.instagram.com/ellert_richter_verlag